新工科暨卓越工程师教育培养计划航空航天类专业系列教材

飞行器结构力学

主　编　金　朋

副主编　周　奇　胡杰翔

华中科技大学出版社

中国·武汉

内 容 简 介

本书内容包括绪论,弹性力学概述,力法和矩阵位移法,薄壁梁的弯曲、剪切和扭转,板杆式薄壁简化模型及应用,薄板弯曲与稳定性。本书针对飞行器结构力学的研究对象及特点,力求将材料力学、弹性力学和飞行器结构力学的知识融合与贯通。

本书为高等院校飞行器设计与工程专业本科教材,也可作为从事飞行器结构设计和强度分析的结构工程人员的参考书。

图书在版编目(CIP)数据

飞行器结构力学 / 金朋主编;周奇,胡杰翔副主编. -- 武汉 :华中科技大学出版社,2025.1. --(新工科暨卓越工程师教育培养计划航空航天类专业系列教材). -- ISBN 978-7-5772-1020-9

Ⅰ. V414

中国国家版本馆 CIP 数据核字第 2025XH9835 号

飞行器结构力学　　　　　　　　　　　　　　　　　　　　　金　朋　主　编

Feixingqi Jiegou Lixue　　　　　　　　　　　　　周　奇　胡杰翔　副主编

策划编辑:陈舒淇

责任编辑:余　涛

封面设计:原色设计

责任监印:曾　婷

出版发行:华中科技大学出版社(中国·武汉)　　　电话:(027)81321913

　　　　　武汉市东湖新技术开发区华工科技园　　　邮编:430223

录　　排:华中科技大学惠友文印中心

印　　刷:武汉市洪林印务有限公司

开　　本:787mm×1092mm　1/16

印　　张:10.75

字　　数:276 千字

版　　次:2025 年 1 月第 1 版第 1 次印刷

定　　价:45.00 元

本书若有印装质量问题,请向出版社营销中心调换

全国免费服务热线:400-6679-118　竭诚为您服务

版权所有　侵权必究

前　言

本书主要包含以下几个部分：

第一部分为弹性力学概述。弹性力学是飞行器结构力学和有限元法的基础，本部分主要介绍了三大方程、边界条件、平面应力（应变）问题、应力函数法等基本概念，并根据飞行器结构的特点，重点讲述了等截面杆的扭转，为学习开剖面薄壁梁的承扭特性奠定基础。

第二部分为力法和矩阵位移法，主要包括几何系统的分类、几何特性的判断方法，针对超静定结构系统，以刚架为例阐述了力法正则方程的应用，并讲述了杆单元和梁单元的矩阵位移法，以作为后续有限元课程的先导知识。

第三部分为薄壁工程梁理论，也是飞行器结构力学中区别于其他专业结构力学之处，主要包括斜弯曲的概念介绍，以薄壁工程梁理论为基础讲述了薄壁工程梁的弯曲、剪切和扭转计算方法，以及开剖面和闭剖面的弯心。

第四部分为板杆式薄壁简化模型的计算，主要包括板杆式薄壁简化模型的剪流计算、多闭室剖面的扭转和剪切、板杆式薄壁结构元件的平衡及内力分析、机翼开口传扭、板杆式薄壁简化模型的变形计算以及开、闭剖面翘曲的计算。

第五部分为薄板和薄壁加筋板的稳定性计算理论与方法。从基尔霍夫假设出发，推导了薄板挠曲微分方程，并结合纵横弯曲的概念推导了薄板屈曲微分方程，讨论了薄板和加筋板的屈曲形式及理论计算公式、工程计算方法，并结合第四部分的简化模型讲述了张力场梁的概念。

本书为飞行器设计与工程专业本科教材，也可作为从事飞行器结构设计和强度分析的结构工程人员的参考书。

本书由华中科技大学金朋博士担任主编，周奇博士和胡杰翔博士担任副主编，西安理工大学的马凯副教授为本书的弹性力学部分提出了很好的建议和意见。本书的出版得到了华中科技大学航空航天学院和华中科技大学出版社的大力支持。在此，编者向所有对本书做出贡献的朋友们表示衷心的感谢。

由于编者水平有限，书中不妥和错误之处在所难免，敬请读者不吝指正，以便再版时修正。

编　者

2024 年 11 月

目　　录

第一章　绪　　论

飞行器结构设计总是希望在保证结构完整性的条件下重量最轻。结构完整性是指关系到飞机安全使用、使用费用和功能的机体结构的强度、刚度、损伤容限及耐久性等飞机所要求的结构特性的总称。飞机结构设计依次经历了静强度设计阶段、刚度设计阶段、疲劳与安全寿命设计阶段，以及损伤容限与耐久性设计等阶段。

"飞行器结构力学"作为"飞行器结构设计"课程的先导课程，主要研究飞行器结构的强度、刚度、稳定性等问题，使学生能熟练地掌握结构力学的基本原理与方法，为后续学习飞行器结构设计、传力分析、刚强度评估、稳定性校核打下必要的理论基础。与其他行业不同，飞行器结构力学具有自己的鲜明特点。建筑、机械结构主要涉及杆系、刚架，对于航空航天领域，飞行器结构大多是薄壁结构，薄壁结构力学构成飞行器结构力学的主要内容。

飞行器机体结构广泛采用薄壁结构形式，如机翼、尾翼和机身本身是由翼梁、桁条、翼肋和蒙皮等构件组成的复杂结构，从局部来看是由纵向和横向骨架加强的加筋板。通过平衡方程可以求解出截面的内力，但是整个剖面往往属于高度静不定结构，截面应力求解仍存在困难。如何根据薄壁结构的特点，包括几何特点、承载特性，提取主要矛盾、忽略次要矛盾，引入合理的假设，在飞行器结构设计阶段得到工程可用的刚强度、稳定性计算结果，仍然是非常必要的。此外，深刻理解飞行器薄壁结构的承载特性，对于后续飞行器结构有限元建模简化、分析结果的合理性判定，也是非常重要的。

材料力学中我们讨论了杆件几种基本变形的刚强度问题及压杆失稳的问题。飞行器结构力学的研究对象与材料力学的有所区别，若以下 5 个问题能回答出来，则基本达到了课程的学习目的。

（1）材料力学中，梁弯曲时横截面的正应力计算公式为 $\sigma = \dfrac{M}{I} y$。对于飞行器结构，已知截面弯矩，正应力还能用这个公式来计算吗？为什么？

（2）材料力学中，已知狭长矩形梁横截面剪力求切应力的时候，采用的是茹科夫斯基公式 $\tau = \dfrac{F_s S_z^*}{I_z b}$。对于飞行器结构，已知截面剪力，切应力还能用这个公式来计算吗？为什么？

（3）材料力学中，圆轴扭转横截面上切应力计算公式为 $\tau = \dfrac{T}{I_p} \rho$。对于飞行器结构，已知截面扭矩，切应力还能用这个公式来计算吗？为什么？

（4）材料力学中采用单位力法来计算梁和刚架的位移，机翼的变形是否还可以采用单位力法进行计算？

（5）材料力学中学习了弹性压杆的稳定性问题，飞行器结构中薄板和加筋板的失稳是如何计算的？

第二章　弹性力学概述

2.1　弹性力学绪论

2.1.1　研究对象

　　力学是关于力、运动和变形的科学,研究自然界和工程中复杂介质的宏/微观力学行为,揭示机械运动及其与物理、化学、生物学过程的相互作用规律,是构成人类科学知识体系的重要组成部分。而固体力学是力学中研究固体机械性质的学科,主要研究固体介质在外力、温度和形变作用下的表现及其规律,是连续介质力学的一个分支。线性弹性力学是固体力学中的一个重要分支,主要研究弹性体在外力作用、边界约束或温度改变下产生的应力、变形及位移响应,线性弹性力学可简称为弹性力学。我们已知材料力学主要研究杆件(杆、梁、柱和轴)的拉压、弯曲、剪切、扭转及组合变形等问题。与材料力学相比,弹性力学理论上可以研究各种形状的弹性体,如飞行器结构中的杆件、平面体、空间体、板壳、薄壁等结构。相关的弹性力学知识可为后续解决飞行器结构的强度、刚度和稳定性问题奠定理论基础。

2.1.2　研究方法

　　在材料力学处理杆件的强度问题时,要先根据截面法求取杆件某截面上的内力(轴力、剪力、弯矩、扭矩)。在研究几种基本变形杆件横截面上的应力分布时,还必须引入平面假设,并在某些方面进行近似处理,以便简化问题。例如,在研究圆轴扭转时,引入刚平面假设,再根据静力学、几何学和物理学三方面的条件,从而求得圆形截面上的切应力分布计算公式,进而再做强度分析。而弹性力学的研究方法为:在弹性体所占空间区域内部,考虑静力学、几何学和物理学三方面的条件,建立三套方程;结合应力边界条件或位移边界条件,寻求适当的数学方法求出问题的解,从而得到弹性体的应力、形变和位移。按此思维路径,弹性力学的求解可归结为偏微分方程的边值问题。若由变分原理出发,则弹性力学问题归结为泛函求驻值(极小值)的问题。由于弹性力学不需要(也不能够)提前假设物体的变形条件,而且也不受限于物体的几何特性,因此可以预见,从计算结果来看,弹性力学的计算结果更精确,也可以作为对材料力学解答的验证依据。

2.1.3　基本假设

　　与材料力学一样,弹性力学同样引入以下几个基本假设。

（1）均匀连续性假定：体积域内充满着均匀的物质。

（2）完全弹性假定：物体卸载后能完全恢复原形而没有任何残余形变。

（3）各向同性假定：材料的力学性能无方向性。

（4）小变形小位移假定：变形与位移远远小于物体的几何尺寸。

（5）无初应力假定：物体内部的初始应力为 0。

满足前三个假设的物体称为理想弹性体，弹性力学的研究范围为理想弹性体的小变形问题。

2.1.4　外力与内力

按作用方式分类，外力分为体（积）力和面力。体力为分布在物体体积内的力，如重力、惯性力、电磁力等，量纲为 $L^{-2}MT^{-2}$。本书中，以 f 表示任一点的体力矢量（$f = \lim\limits_{\Delta V \to 0} \dfrac{\Delta F}{\Delta V}$），以 f_x、f_y、f_z 表示任一点的体力在 x、y、z 轴上的投影，符号规定为沿坐标正向为正，反之为负，如图 2-1(a)所示。

面力为作用在物体表面上的力，量纲为 $L^{-1}MT^{-2}$。本书中，以 $\overline{f}$ 表示任一点的面力矢量（$\overline{f} = \lim\limits_{\Delta S \to 0} \dfrac{\Delta F}{\Delta S}$），以 $\overline{f_x}$、$\overline{f_y}$、$\overline{f_z}$ 表示任一点的面力在 x、y、z 轴上的投影，符号规定为沿坐标正向为正，反之为负，如图 2-1(b)所示。

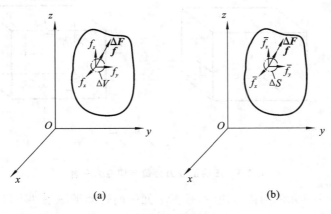

图 2-1　外力

(a)体力；(b)面力

前文已述，内力为构件某截面上两部分之间相互作用的内力力系的简化结果。其定义中"相互作用"一词表示对于同一个截面，分别取该面两侧作为研究对象，表现出来的内力为作用力和反作用力的关系；"简化结果"一词表示内力是内力力系的合力（如果内力力系存在合力的话）或者合力偶。内力一般变现为轴力、剪力、弯矩、扭矩。由内力的定义可知，内力不能作为判断物体内某一点强度是否足够的依据。因此，还需要引入应力和应变的概念。

2.1.5　应力与应变

应力定义为内力随面积分布的集度，量纲为 $L^{-1}MT^{-2}$。构件某微分截面上某点的应力矢

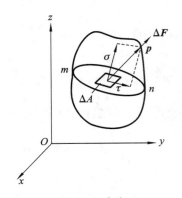

图 2-2　应力

量称为该面上的全应力。将全应力 $\boldsymbol{p}\left(\boldsymbol{p}=\lim\limits_{\Delta S\to 0}\dfrac{\Delta\boldsymbol{F}}{\Delta S}\right)$ 正交分解成正应力 σ 与切应力 τ，如图 2-2 所示。正应力沿着该微分截面的法线方向，切应力则与该微分截面平行。之所以要将全应力进行分解，是为了对应表征不同的变形效应。我们可以围绕一点取一个单元体（微小的正交六面体），则单元体各微面上可能既有正应力分量，又有切应力分量。正应力导致相对的两个微分面相互疏远或者靠近，切应力导致两个正交微分面直角的改变。

材料力学中，正应力规定为拉正压负，切应力规定为沿切应力所在微分面的内法线观察时，切应力绕其所在微分面面内某一点的矩方向，为顺则正，为逆则负。而弹性力学中的正负号规定与之不太相同。为此首先引入正面和负面的概念：若某截面的外法线方向与某坐标轴正向一致，则称该面为正面；若某截面的外法线方向与某坐标轴负向一致，则称该面为负面。正面上的应力分量沿坐标轴正向为正，反之为负；负面上的应力分量沿坐标轴负向为正，反之为负。如图 2-3 所示，σ_i（$i=x,y,z$）代表以 i 为法线的面上沿着 i 方向的正应力分量，分别记为 σ_x、σ_y、σ_z；τ_{ij}（$i,j=x,y,z$）代表以 i 为法线的面上沿着 j 方向的切应力分量。

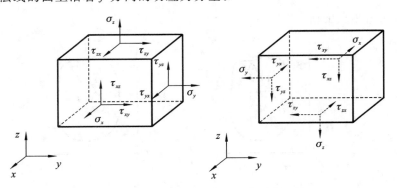

图 2-3　正的正应力分量与切应力分量

我们已知，当不计单元体的体力矩时，根据单元体的转动平衡条件可以得出切应力互等定理。由切应力互等定理可知，作用在两个相互垂直的微分面上并且垂直于该两面交线的切应力是互等的（大小相等，正负号相同），即

$$\tau_{xy}=\tau_{yx}, \quad \tau_{xz}=\tau_{zx}, \quad \tau_{yz}=\tau_{zy} \tag{2-1}$$

在空间情形下，对物体内任意一点，如果已知其原始单元体上的 6 个应力分量（3 个正应力分量和 3 个切应力分量），则可通过应力状态分析求得经过该点的任意微分截面的正应力分量和切应力分量，进而可求得该点的主单元体上的主应力，即完全确定该点的应力状态（所谓一点的应力状态，是指通过该点的所有微分截面上的全部应力分量的集合）。这一过程与材料力学中平面应力状态主应力的求解类似。

与正应力和切应力对应，应变也包括线应变 ε 和切应变 γ，是度量一点处变形程度的两个基本量，ε 量纲为一。ε_i、γ_{ij} 中下标的约定同应力。ε_i 表示 i 方向相距为单位长度的两点伸长或缩短的距离，规定为伸长为正，缩短为负；γ_{ij} 表示 i、j 两方向的线段之间的直角改变，γ_{ij} 以直角变小为正,变大为负。

位移为一点位置的改变,沿坐标轴 x、y、z 方向分量分别表示为 u、v、w。沿坐标轴正方向为正,沿坐标轴负方向为负。

2.2 平面问题的求解

严格来说,实际问题中的弹性体均为空间问题,其所受力一般而言是空间力系。因此,一般情况下,求解弹性力学问题都将归结为求解复杂的偏微分方程组的问题,难度很大。若实际问题中某些结构的外形和受力具有一定特点,则可通过适当的简化和抽象处理,使问题归结为所谓的弹性力学的平面问题。这种问题的力学特点是:一切力学现象均可视作在一个平面内发生的,故而数学上属于二维问题。本节介绍平面问题的基本内容。

2.2.1 平面应力与平面应变问题

1. 平面应力问题

几何特征:如图 2-4 所示的均匀等厚薄板,板中面 x、y 方向的尺寸远大于板厚度 z 方向的尺寸。

受力特征:所受外力(体力、面力、约束)垂直于 z 方向,沿 z 方向不变,且板的上下表面不受外力作用。

由于两板面上无面力和约束作用,故

$$(\sigma_z, \tau_{zx}, \tau_{zy})_{z=\pm\frac{\delta}{2}} = 0 \qquad (2\text{-}2)$$

由于薄板很薄,且应力是连续变化的,又无 z 方向外力,故可认为

$$(\sigma_z, \tau_{zx}, \tau_{zy}) = 0 \quad (\text{在 } V \text{ 中}) \qquad (2\text{-}3)$$

故只有平面应力 σ_x、σ_y、τ_{xy}。

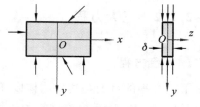

图 2-4 平面应力问题

进一步,由于板为等厚度,外力、约束沿 z 方向不变,故应力 σ_x、σ_y、τ_{xy} 仅为 x 和 y 的函数。所以平面应力问题的特征是应力分量中只有平面应力 σ_x、σ_y、τ_{xy},且各应力分量均为 x 和 y 的函数。

2. 平面应变问题

几何特征:如图 2-5 所示,母线与轴线 Oz 平行的长柱体,z 方向的尺寸远大于 x 和 y 方向的尺寸。

受力特征:外力(包括体力、面力)沿垂直于轴线 z 方向均匀分布,且物体所受几何约束沿 z 方向不变。

因为截面、外力、约束沿 z 方向不变,外力、约束平行于 xy 面,柱体非常长,故任何 xy 平面(横截面)均为物体形状及受力情况的对称面。

因此,变形时截面内各点只能在其自身平面(xy 平面)内移动,而沿 z 方向的位移为 0,即各点只有 u 和 v,而 $w=0$。所以此类问题又称为平面位移问题。由 $w=0$ 可知 $\varepsilon_z=0$;由对称

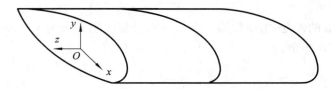

图 2-5　平面应变问题

性可知 τ_{zx}，$\tau_{zy}=0$，再由胡克定律可知 γ_{zx}，$\gamma_{zy}=0$，6 个应变分量只剩下 ε_x、ε_y、γ_{xy}，所以称为平面应变问题。

平面应变问题的特征是应变中只有平面应变分量存在，且各应变分量均为 x 和 y 的函数。

对于挡土坝以及很长的管道、隧洞问题，接近于平面应变问题。结构虽然不可能无限长，两端面上的条件与中间截面的也不同，但对于离端面较远之处，按平面应变问题进行分析，所得结果工程可用。

综上所述，平面应力问题和平面应变问题统称为平面问题。平面问题的求解可以归纳为：已知外力（体力、面力）、边界条件（应力边界条件、位移边界条件），求解物体内各点的 σ_x、σ_y、σ_z、τ_{yx}、τ_{zy}、τ_{zx}、u、v，为此需建立三个关系（三大方程），即静力学关系（平衡方程）、几何学关系（几何方程）、物理学关系（物理方程），再加上边界条件，通过偏微分方程的边值计算问题进行求解。

2.2.2　三大方程

1. 平衡方程

平衡方程的目的是建立物体内任一点应力与体力间的关系。图 2-6 所示的为不计体力矩的单元体，f_x 和 f_y 为单位体积的体力在 x、y 方向上的分量。

1）对形心取矩，$\sum M_C = 0$

$$\left(\tau_{xy}+\frac{\partial \tau_{xy}}{\partial x}\mathrm{d}x\right)\mathrm{d}y \cdot \frac{\mathrm{d}x}{2}+\tau_{xy}\mathrm{d}y \cdot \frac{\mathrm{d}x}{2}-\left(\tau_{yx}+\frac{\partial \tau_{yx}}{\partial y}\right)\mathrm{d}x \cdot \frac{\mathrm{d}y}{2}-\tau_{yx}\mathrm{d}x \cdot \frac{\mathrm{d}y}{2}=0 \quad (2\text{-}4)$$

略去高阶微量，得 $\tau_{xy}=\tau_{yx}$，即切应力互等定理。

2）$\sum F_x = 0$

$$\left(\sigma_x+\frac{\partial \sigma_x}{\partial x}\mathrm{d}x\right)\mathrm{d}y-\sigma_x\mathrm{d}y+\left(\tau_{yx}+\frac{\partial \tau_{yx}}{\partial y}\mathrm{d}y\right)\mathrm{d}x-\tau_{yx}\mathrm{d}x+f_x\mathrm{d}x\mathrm{d}y=0 \quad (2\text{-}5)$$

整理后得

$$\frac{\partial \sigma_x}{\partial x}+\frac{\partial \tau_{yx}}{\partial y}+f_x=0 \quad (2\text{-}6)$$

3）$\sum F_y = 0$

同理可得

$$\frac{\partial \sigma_y}{\partial y}+\frac{\partial \tau_{xy}}{\partial x}+f_y=0 \quad (2\text{-}7)$$

式(2-6)和式(2-7)称为平面问题的平衡方程，又称为纳维方程。在推导平衡方程时，未考虑本构关系和变形关系，只考虑了平衡条件。故式(2-6)和式(2-7)对任何本构关系及变形特点的物体均适用。

显然，推导时未考虑平面问题的类型，所以式(2-6)和式(2-7)适用于平面应力和平面应变问题。即式(2-6)和式(2-7)组成了平面问题的平衡方程。平衡方程为超静定方程，需结合几何方程、物理方程完成求解。平衡方程与材料无关，平衡方程在整个弹性体中都适用(包括边界)。

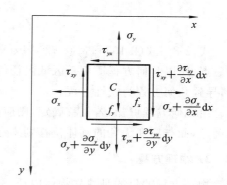

图 2-6　单元体

2. 几何方程

几何方程的目的是建立物体内任一点应变分量与位移分量之间的关系。如图 2-7 所示，变形前微元线段 $PA \perp PB$，$P'A'$ 和 $P'B'$ 为 PA 和 PB 变形后的新位置。

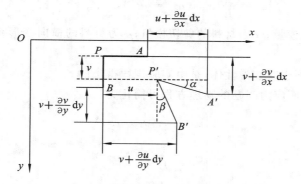

图 2-7　各点位移示意图

设初始长度 $PA = \mathrm{d}x$，$PB = \mathrm{d}y$，则 x 方向的线应变为

$$\varepsilon_x = \frac{\left(u + \dfrac{\partial u}{\partial x}\mathrm{d}x\right) - u}{\mathrm{d}x} = \frac{\partial u}{\partial x} \tag{2-8}$$

$P'A'$ 与 PA 之间的夹角为

$$\alpha = \tan\alpha = \frac{\dfrac{\partial v}{\partial x}\mathrm{d}x}{\mathrm{d}x} = \frac{\partial v}{\partial x} \tag{2-9}$$

同理，y 方向的线应变为

$$\varepsilon_y = \frac{\partial v}{\partial y} \tag{2-10}$$

$P'B'$ 与 PB 之间的夹角为

$$\beta = \frac{\partial u}{\partial y} \tag{2-11}$$

所以切应变(直角的改变量)为

$$\gamma_{xy} = \alpha + \beta = \frac{\partial v}{\partial x} + \frac{\partial u}{\partial y} \tag{2-12}$$

式(2-8)、式(2-10)和式(2-12)称为平面问题的几何方程(或柯西方程)。因为(x, y)可为任一点,所以几何方程适用于区域内任何点。在推导过程中应用了小变形假定,略去了高阶小量,导致几何方程为线性方程。

由几何方程可知,若位移确定,则应变完全确定。若应变确定,则与应变有关的位移也可以确定,而与应变无关的刚体位移则未定,此时必须通过边界上的约束条件来确定刚体位移。

3. 物理方程

物理方程的目的是建立物体内任一点的应力和应变之间的联系。

空间问题的物理方程为

$$\begin{cases} \varepsilon_x = \dfrac{1}{E}(\sigma_x - \mu\sigma_y - \mu\sigma_z), & \gamma_{yz} = \dfrac{1}{G}\tau_{yz} \\[2mm] \varepsilon_y = \dfrac{1}{E}(\sigma_y - \mu\sigma_z - \mu\sigma_x), & \gamma_{zx} = \dfrac{1}{G}\tau_{zx} \\[2mm] \varepsilon_z = \dfrac{1}{E}(\sigma_z - \mu\sigma_x - \mu\sigma_y), & \gamma_{xy} = \dfrac{1}{G}\tau_{xy} \end{cases} \tag{2-13}$$

式中:E为材料的弹性模量;G为材料的剪切模量;μ为材料的横向变形系数(又称为泊松比),量纲为一。

式(2-13)适用于理想线性弹性体,是由实验规律得出的。

根据式(2-13),平面应力问题的物理方程可简化为

$$\begin{cases} \varepsilon_x = \dfrac{1}{E}(\sigma_x - \mu\sigma_y) \\[2mm] \varepsilon_y = \dfrac{1}{E}(\sigma_y - \mu\sigma_x) \\[2mm] \gamma_{xy} = \dfrac{2(1+\mu)}{E}\tau_{xy} \end{cases} \tag{2-14}$$

且 $\varepsilon_z = -\dfrac{\mu}{E}(\mu\sigma_x + \mu\sigma_y)$,$\gamma_{yz} = 0$,$\gamma_{zx} = 0$。

对于平面应变问题,$\varepsilon_z = 0$,可知 $\sigma_z = \mu(\sigma_x + \sigma_y)$,将其代入式(2-13),可得:

$$\begin{cases} \varepsilon_x = \dfrac{1-\mu^2}{E}\left(\sigma_x - \dfrac{\mu}{1-\mu}\sigma_y\right) \\[2mm] \varepsilon_y = \dfrac{1-\mu^2}{E}\left(\sigma_y - \dfrac{\mu}{1-\mu}\sigma_x\right) \\[2mm] \gamma_{xy} = \dfrac{2(1+\mu)}{E}\tau_{xy} \end{cases} \tag{2-15}$$

或采用如下参数替换方式,可由平面应力问题物理方程直接得到平面应变问题物理方程。

$$E \to \frac{E}{1-\mu^2}, \quad \mu \to \frac{\mu}{1-\mu} \tag{2-16}$$

由以上推导过程可见,三类方程是物体域内各点均应满足的控制方程。因此,它们不可能显示出某一平面问题的个性特性,换言之,问题的个性特征只能取决于确定问题通解中待定部分的定解条件,即边界条件。

2.2.3 边界条件

1. 位移边界条件

设在 S_u 部分边界上给定位移分量 $\overline{u}(s)$ 和 $\overline{v}(s)$，则有

$$(u)_s = \overline{u}(s), \quad (v)_s = \overline{v}(s) \quad (在 S_u 上) \tag{2-17}$$

2. 应力边界条件

取厚度为 1 的边界三角形单元（见图 2-8），与 x、y 轴平行的面力分量为 $\overline{f}_x$ 和 $\overline{f}_y$，以及体力分量为 f_x 和 f_y。斜边界外法线方向余弦定义为

$$l = \cos(\boldsymbol{N}, x), \quad m = \cos(\boldsymbol{N}, y) \tag{2-18}$$

则有 $\mathrm{d}x = m\mathrm{d}s$；$\mathrm{d}y = l\mathrm{d}s$。

建立单元体的 x 方向平衡方程

$$\overline{f}_x\mathrm{d}s - \sigma_x l\mathrm{d}s - \tau_{yx} m\mathrm{d}s + f_x \frac{l\mathrm{d}s \cdot m\mathrm{d}s}{2} = 0 \tag{2-19}$$

y 方向的平衡方程

$$\overline{f}_y\mathrm{d}s - \sigma_y m\mathrm{d}s - \tau_{xy} l\mathrm{d}s + f_y \frac{l\mathrm{d}s \cdot m\mathrm{d}s}{2} = 0 \tag{2-20}$$

整理后得

$$\begin{cases} (l\sigma_x + m\tau_{yx})_s = \overline{f}_x(s) \\ (m\sigma_y + l\tau_{xy})_s = \overline{f}_y(s) \end{cases} \quad (在 s_\sigma 上) \tag{2-21}$$

式（2-21）给出了平面问题中的物体表面上一点的应力分量和面力之间的关系。

当边界面为坐标面（见图 2-9）时，$x = a$ 为正 x 面（$l = 1, m = 0$），则 $(\sigma_x)_{x=a} = \overline{f}_x$，$(\tau_{xy})_{x=a} = \overline{f}_y$。$x = -b$ 为负 x 面（$l = -1, m = 0$），则 $(\sigma_x)_{x=-b} = -\overline{f}_x$，$(\tau_{xy})_{x=-b} = -\overline{f}_y$。

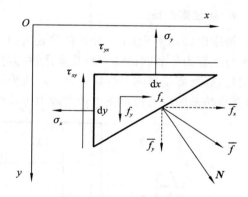

图 2-8 边界三角形单元

3. 混合边界条件

混合边界条件主要包括两种：

（1）部分边界上为位移边界条件，另一部分边界上为应力边界条件；

（2）同一边界上，一部分为位移边界条件，另一部分为应力边界条件。

如图 2-10 所示的连杆支撑约束和齿槽边约束，其混合边界条件分别为

$$\begin{cases} (u)_{x=a} = \overline{u} = 0 \\ (\tau_{xy})_{x=a} = \overline{f}_y = 0 \end{cases} \tag{2-22}$$

$$\begin{cases} (\sigma_x)_{x=a} = \overline{f}_x = 0 \\ (v)_{x=a} = \overline{v} = 0 \end{cases} \tag{2-23}$$

由前述内容可见，要求弹性力学问题，原则上应逐点给出边界条件，这就要求精确知道作

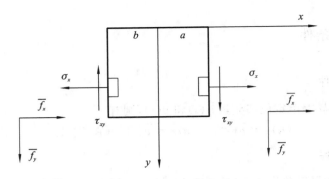

图 2-9 边界面为坐标面

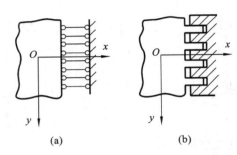

图 2-10 混合边界条件

(a)连杆支撑约束；(b)齿槽边约束

用在边界上的面力或约束的分布情况。然而这在实际中是很难实现的。其一，在大部分边界上的面力是清楚的，但在局部边界上面力的分布不清楚，而只知道其静力学效应，即其主矢量和主矩。此时，自然无法精确写出局部边界上的边界条件，而只能从静力等效的原则出发，给出放松的边界条件。其二，虽然在全部边界上的面力分布情况是清楚的，但所求的解答只能精确满足大部分边界上的边界条件，而在其局部只能满足放松的边界条件。以上两种情况自然会产生一个问题：由于局部边界上放松边界条件的采用，究竟会给问题的解答带来多大的影响？这个问题可由圣维南原理来回答。

4. 圣维南原理

圣维南(Saint Venant)原理的表述为：作用在物体表面上某一个局部区域的力系Ⅰ，可用一个与之静力等效的任意力系Ⅱ来代替，力系Ⅱ产生的应力分布在力系Ⅰ作用区域附近有显著变化，远处所受影响可忽略不计。在应力边界上应用圣维南原理，就是在次要边界（即小边界）上将精确的应力边界条件代之静力等效的放松的主矢量和主矩的条件，如图 2-11 所示。

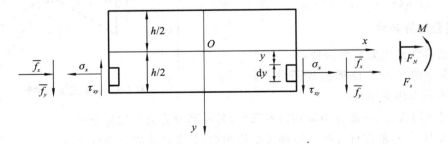

图 2-11 小边界静力等效

小边界上精确的应力边界条件为

$$\begin{cases} \sigma_x(x,y)\mid_{x=\pm l} = \pm\overline{f_x}(y) \\ \tau_{xy}(x,y)\mid_{x=\pm l} = \pm\overline{f_y}(y) \end{cases} \qquad (2\text{-}24)$$

在小边界 $x=l$ 上，可用下列条件代替式(2-24)的条件：

（1）应力的主矢量＝面力的主矢量；

（2）应力的主矩＝面力的主矩。

即

$$\begin{cases} \int_{-h/2}^{h/2} (\sigma_x)_{x=l}\mathrm{d}y \cdot 1 = \int_{-h/2}^{h/2} \overline{f_x}(y)\mathrm{d}y \cdot 1 (= F_N) \\ \int_{-h/2}^{h/2} (\sigma_x)_{x=l}\mathrm{d}y \cdot 1 \cdot y = \int_{-h/2}^{h/2} \overline{f_x}(y)\mathrm{d}y \cdot 1 \cdot y (= M) \\ \int_{-h/2}^{h/2} (\tau_{xy})_{x=l}\mathrm{d}y \cdot 1 = \int_{-h/2}^{h/2} \overline{f_y}(y)\mathrm{d}y \cdot 1 (= F_S) \end{cases} \tag{2-25}$$

方程(2-25)的第一式和第三式中，当应力的方向与面力的方向一致时取"＋"号，反之取"－"号。

方程(2-25)的第二式中，应力取正方向，微分单元体取在矩心沿正半轴一侧，矩臂为正，若应力的力矩与面力的力矩对同一转动轴（或矩心）的转向一致，取"＋"号，反之取"－"号。

5. 叠加原理

由前述可见，弹性力学平面问题的基本方程及一切边界条件都是线性的，故叠加原理成立。叠加原理的表述为：在线弹性、小变形情况下，作用在物体上的所有外力所产生的总效应（应力、应变、位移）等于每一外力分别单独作用时所产生的效应之和。

线弹性体所满足的平衡方程、几何方程、物理方程及边界条件的线性性质是叠加原理成立的前提条件。对于非线性弹性材料或弹塑性材料，物理方程是非线性的；对于大变形情况，几何方程和平衡方程都将出现非线性项；对于载荷随变形而变化的非保守力系情况或者边界条件用非线性弹簧支撑的约束情况，边界条件是非线性的。对于这些情况叠加原理都将不再适用。例如，物体在超过材料屈服极限后的塑性流动问题，杆、板壳大挠度弯曲和屈曲失稳问题，等等。

6. 弹性力学解的唯一性定理

弹性力学解的唯一性定理由基尔霍夫于1858年提出，又称基尔霍夫唯一性定理。该定理叙述为：在给定载荷作用下处于平衡的变形状态的弹性体，其内部各点的应力、应变解是唯一的；如果弹性体的刚体位移受到约束，则其位移解也是唯一的。从物理上看，线弹性体在载荷和约束作用下总有相应的变形状态，因此弹性力学问题的解是存在的。

基尔霍夫唯一性定理表明，无论用什么方法得到的解，只要能满足弹性力学的全部控制方程和边界条件，就是问题唯一的真解。这是弹性力学各种逆解法和半逆解法的理论基础，也是不同解法能相互校对的理论依据。对于各种非线性弹性力学问题，如大变形、弹性稳定性问题，基尔霍夫唯一性定理不再成立，可能出现解不唯一和解不稳定的问题。

2.2.4 位移法求解平面问题

由于弹性力学的基本方程为含有三类未知量的偏微分方程组，因此比较自然的求解思路是利用消元法减少未知量种类及个数（当然付出的代价是方程的阶次升高），这就导致了位移法和应力法的产生。

平面应力问题与平面应变问题，除物理方程的弹性系数须变换外，其余完全相同。因此，可以预见,两者的解答相似,只需将 E、μ 进行变换。一般采用以下两种方法求解平面问题:①按位移求解(位移法),取 u、v 为基本未知量,从基本方程和边界条件中消去应变和应力,导出只含 u、v 的方程和边界条件,从而求出 u、v,继而再求应变和应力;②按应力求解(应力法),取 σ_x、σ_y、τ_{xy} 为基本未知量,从几何、物理两类方程和边界条件中消去位移和应变,导出只含应力的方程和边界条件,并与平衡方程联立,从而求出应力,继而再求应变和位移。

位移法求解平面问题是取 u、v 为基本未知量,将其他未知量用 u、v 表示:

(1) 应变用 u、v 表示,即几何方程

$$\varepsilon_x = \frac{\partial u}{\partial x}, \quad \varepsilon_y = \frac{\partial v}{\partial y}, \quad \gamma_{xy} = \frac{\partial v}{\partial x} + \frac{\partial u}{\partial y} \tag{2-26}$$

(2) 应力先用应变来表示(物理方程),即

$$\begin{cases} \varepsilon_x = \dfrac{1}{E}(\sigma_x - \mu\sigma_y) \\[2mm] \varepsilon_y = \dfrac{1}{E}(\sigma_y - \mu\sigma_x) \\[2mm] \gamma_{xy} = \dfrac{2(1+\mu)}{E}\tau_{xy} \end{cases} \tag{2-27}$$

(3) 再代入几何方程,用 u、v 表示,即

$$\begin{cases} \sigma_x = \dfrac{E}{1-\mu^2}(\varepsilon_x + \mu\varepsilon_y) = \dfrac{E}{1-\mu^2}\left(\dfrac{\partial u}{\partial x} + \mu\dfrac{\partial v}{\partial y}\right) \\[3mm] \sigma_y = \dfrac{E}{1-\mu^2}(\varepsilon_y + \mu\varepsilon_x) = \dfrac{E}{1-\mu^2}\left(\dfrac{\partial v}{\partial y} + \mu\dfrac{\partial u}{\partial x}\right) \\[3mm] \tau_{xy} = \dfrac{E}{2(1+\mu)}\gamma_{xy} = \dfrac{E}{2(1+\mu)}\left(\dfrac{\partial v}{\partial x} + \dfrac{\partial u}{\partial y}\right) \end{cases} \tag{2-28}$$

(4) 导出求 u、v 的基本方程。将式(2-28)代入平衡方程(式(2-6)和式(2-7)),可得:

$$\begin{cases} \dfrac{E}{1-\mu^2}\left(\dfrac{\partial^2 u}{\partial x^2} + \dfrac{1-\mu}{2}\dfrac{\partial^2 u}{\partial y^2} + \dfrac{1+\mu}{2}\dfrac{\partial^2 v}{\partial x \partial y}\right) + f_x = 0 \\[3mm] \dfrac{E}{1-\mu^2}\left(\dfrac{\partial^2 v}{\partial y^2} + \dfrac{1-\mu}{2}\dfrac{\partial^2 v}{\partial x^2} + \dfrac{1+\mu}{2}\dfrac{\partial^2 u}{\partial x \partial y}\right) + f_y = 0 \end{cases} \tag{2-29}$$

(5) 位移边界条件不需要做任何变化,可作为求解微分方程的边界条件。

$$\begin{cases} (u)_s = \overline{u} \\ (v)_s = \overline{v} \end{cases} \quad (\text{在 } S_u \text{ 上}) \tag{2-30}$$

(6) 而应力边界条件需要以位移重新表示,故需进行以下处理:将式(2-28)代入应力边界条件(式(2-21)),可得:

$$\begin{cases} \dfrac{E}{1-\mu^2}\left[l\left(\dfrac{\partial u}{\partial x} + \mu\dfrac{\partial v}{\partial y}\right) + m\dfrac{1-\mu}{2}\left(\dfrac{\partial u}{\partial y} + \dfrac{\partial v}{\partial x}\right)\right]_s = \overline{f_x} \\[3mm] \dfrac{E}{1-\mu^2}\left[m\left(\dfrac{\partial v}{\partial y} + \mu\dfrac{\partial u}{\partial x}\right) + l\dfrac{1-\mu}{2}\left(\dfrac{\partial v}{\partial x} + \dfrac{\partial u}{\partial y}\right)\right]_s = \overline{f_y} \end{cases} \tag{2-31}$$

按位移求解时,u、v 必须满足方程(2-29)和边界条件(2-30)、(2-31)。

2.2.5　应力法求解平面问题

应力法求解平面问题步骤如下:

（1）取 σ_x、σ_y、τ_{xy} 为基本未知函数。

（2）将其他未知函数用应力来表示。

①应变用应力表示，即物理方程。

②位移用应力表示，需将物理方程代入几何方程，然后通过积分等运算求出位移。这就导致不仅表达式较复杂，而且包含积分带来的未知项，因此位移边界条件用应力分量来表示时既复杂又难以求解。故在按应力求解时，只考虑全部为应力边界条件的问题，即 $s = s_\sigma$，$s_u = 0$。

（3）在域内求解应力的方程。

①平衡方程为

$$\begin{cases} \dfrac{\partial \sigma_x}{\partial x} + \dfrac{\partial \tau_{yx}}{\partial y} + f_x = 0 \\[2mm] \dfrac{\partial \sigma_y}{\partial y} + \dfrac{\partial \tau_{xy}}{\partial x} + f_y = 0 \end{cases} \tag{2-32}$$

应力分量有 3 个，而平衡方程只有 2 个，无法求出应力分量，还需要给出补充方程。

②补充方程：从几何方程、物理方程中消去位移和应变。

由

$$\varepsilon_x = \frac{\partial u}{\partial x}, \quad \varepsilon_y = \frac{\partial v}{\partial y}, \quad \gamma_{xy} = \frac{\partial v}{\partial x} + \frac{\partial u}{\partial y} \tag{2-33}$$

将 ε_x 对 y 的二阶偏导数与将 ε_y 对 x 的二阶偏导数相加，有

$$\frac{\partial^2 \varepsilon_x}{\partial y^2} + \frac{\partial^2 \varepsilon_y}{\partial x^2} = \frac{\partial^3 u}{\partial x \partial y^2} + \frac{\partial^3 v}{\partial y \partial x^2} = \frac{\partial^2}{\partial x \partial y}\left(\frac{\partial u}{\partial y} + \frac{\partial v}{\partial x}\right) \tag{2-34}$$

结合式（2-33）中的第三式，可得：

$$\frac{\partial^2 \varepsilon_x}{\partial y^2} + \frac{\partial^2 \varepsilon_y}{\partial x^2} = \frac{\partial^2 \gamma_{xy}}{\partial x \partial y} \tag{2-35}$$

式（2-35）即为平面应力问题和平面应变问题的变形协调方程。

将物理方程代入式（2-35），消去应变，并应用平衡方程进行简化，便得到用应力表示的相容方程：

$$\frac{\partial^2}{\partial y^2}(\sigma_x - \mu\sigma_y) + \frac{\partial^2}{\partial x^2}(\sigma_y - \mu\sigma_x) = 2(1+\mu)\frac{\partial^2 \tau_{xy}}{\partial x \partial y} \tag{2-36}$$

由平衡方程变形可得：

$$\frac{\partial \tau_{yx}}{\partial y} = -\frac{\partial \sigma_x}{\partial x} - f_x, \quad \frac{\partial \tau_{xy}}{\partial x} = -\frac{\partial \sigma_x}{\partial y} - f_y \tag{2-37}$$

将式（2-37）中的两式分别对 x 和 y 求导，然后相加，可得：

$$2\frac{\partial^2 \tau_{xy}}{\partial x \partial y} = -\frac{\partial^2 \sigma_x}{\partial x^2} - \frac{\partial^2 \sigma_y}{\partial y^2} - \frac{\partial f_x}{\partial x} - \frac{\partial f_y}{\partial y} \tag{2-38}$$

代入式（2-36），可得：

$$\left(\frac{\partial^2}{\partial x^2} + \frac{\partial^2}{\partial y^2}\right)(\sigma_x + \sigma_y) = -(1+\mu)\left(\frac{\partial f_x}{\partial x} + \frac{\partial f_y}{\partial y}\right) \tag{2-39}$$

即

$$\mathbf{\nabla}^2(\sigma_x + \sigma_y) = -(1+\mu)\left(\frac{\partial f_x}{\partial x} + \frac{\partial f_y}{\partial y}\right) \tag{2-40}$$

式中：$\mathbf{\nabla}^2 = \dfrac{\partial^2}{\partial x^2} + \dfrac{\partial^2}{\partial y^2}$ 为拉普拉斯（Laplace）算子。式（2-40）为应力形式的变形协调方程。

（4）应力边界条件：假定全部边界上均为应力边界条件（$S=S_\sigma$，$S_u=0$）。

综上所述，按应力求解平面应力问题，应力分量 σ_x、σ_y、τ_{xy} 必须满足下列条件：

①域内的平衡方程（见式（2-32））；

②域内的相容方程（见式（2-40））；

③边界 $S=S_\sigma$ 上的应力边界条件（见式（2-21））；

④对于多连体，还须满足位移的单值条件。

单连体的概念：对于平面问题，即只有一个连续边界的物体。在域内的任意闭曲线都可以始终保持在域内通过连续变形而收缩为域内的一点，则称之为单连（通）域或单连体，如图 2-12 所示。对于平面问题，多连体为具有 2 个或 2 个以上的连续边界条件的物体，如图 2-13 所示。在多连体中，至少有一条曲线无法收缩为域内的一点。

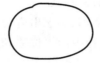

图 2-12　单连体

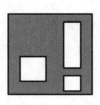

图 2-13　多连体

多连体中的位移单值条件，实质上就是物体的连续性条件（即位移连续性条件）。在连续体中，应力、形变和位移都应为单值。按位移求解时，取位移为单值，求形变（几何方程）也为单值，求应力（物理方程）也为单值。按应力求解时，取应力为单值，求形变（物理方程）也为单值，求位移（由几何方程积分）常常会出现多值项。对于单连体，通过校核边界条件等，位移单值条件已自然满足；对于多连体，应校核位移单值条件，以排除积分中出现的多值项。

关于变形协调方程的几点说明：

（1）式（2-33）是平面问题的几何方程，它表示 3 个应变分量可以用 2 个位移分量来描述。因此，3 个应变分量不可能互不相关，其间必然存在联系。若已知位移分量，则由式（2-33）通过求导得到应变分量；反之，若仅从纯粹数学角度任给一组应变分量，则式（2-33）给出 3 个方程 2 个未知量的偏微分方程组。因方程个数大于未知量个数，故方程组可能是矛盾的。为使之不矛盾，3 个应变分量必须满足一定的条件，此即应变协调方程，也称为圣维南方程。

（2）从几何角度而言，应变协调方程是保证物体不撕裂、不嵌入、不堆叠的必要条件，如图 2-14 所示。

2.2.6　常体力下应力法求解的简化

（1）由于平衡方程是线性方程，故其通解为非齐次方程的特解＋齐次方程的通解。当非齐次项（体力项）为常数时，非齐次方程通解的获得难度更小。此时非齐次方程组的特解为下面任意一组组合：

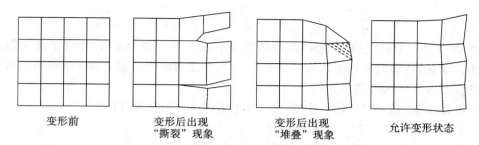

变形前　　　变形后出现　　　变形后出现　　　允许变形状态
　　　　　　"撕裂"现象　　　"堆叠"现象

图 2-14　变形协调条件

$$\begin{cases} \sigma_x = -f_x x, \sigma_y = -f_y y, \tau_{xy} = 0 \\ \sigma_x = \sigma_y = 0, \tau_{xy} = -f_x y - f_y x \\ \sigma_x = \sigma_y = -f_x x - f_y y, \tau_{xy} = 0 \end{cases} \tag{2-41}$$

下面求解齐次方程组的通解。由

$$\frac{\partial \sigma_x}{\partial x} + \frac{\partial \tau_{yx}}{\partial y} = 0 \tag{2-42}$$

可得：

$$\frac{\partial \sigma_x}{\partial x} = \frac{\partial}{\partial y}(-\tau_{yx}) \tag{2-43}$$

由偏导数的相容性

$$\frac{\partial}{\partial x}\left(\frac{\partial f}{\partial y}\right) = \frac{\partial}{\partial y}\left(\frac{\partial f}{\partial x}\right) \tag{2-44}$$

可知必存在 $A(x,y)$，使得：

$$\sigma_x = \frac{\partial A}{\partial y}, \quad -\tau_{yx} = \frac{\partial A}{\partial x} \tag{2-45}$$

类似地，对于 $\frac{\partial \sigma_y}{\partial y} + \frac{\partial \tau_{xy}}{\partial x} = 0$，可得：

$$\frac{\partial \sigma_y}{\partial y} = \frac{\partial}{\partial x}(-\tau_{xy}) \tag{2-46}$$

必然存在 $B(x,y)$，使得：

$$\sigma_y = \frac{\partial B}{\partial x}, \quad -\tau_{xy} = \frac{\partial B}{\partial y} \tag{2-47}$$

由式(2-45)和式(2-47)可得：

$$\frac{\partial A}{\partial x} = \frac{\partial B}{\partial y} \tag{2-48}$$

故必存在 $\Phi(x,y)$，使

$$A = \frac{\partial \Phi}{\partial y}, B = \frac{\partial \Phi}{\partial x} \tag{2-49}$$

称 $\Phi(x,y)$ 为平面问题的应力函数，又称为艾里应力函数。逐级代入可以求出应力分量和应力函数之间的关系：

$$\sigma_x = \frac{\partial^2 \Phi}{\partial y^2}, \quad \sigma_y = \frac{\partial^2 \Phi}{\partial x^2}, \quad \tau_{xy} = -\frac{\partial^2 \Phi}{\partial x \partial y} \tag{2-50}$$

以此为齐次方程的通解，与式(2-41)任一组非齐特解叠加得全解，即

$$\sigma_x = \frac{\partial^2 \Phi}{\partial y^2} - f_x x, \quad \sigma_y = \frac{\partial^2 \Phi}{\partial x^2} - f_y y, \quad \tau_{xy} = -\frac{\partial^2 \Phi}{\partial x \partial y} \tag{2-51}$$

虽然 Φ 还是一个待定的未知函数,但是用 Φ 表示 3 个应力分量后,使得平面问题的求解得到很大的简化,待求的未知函数从 3 个变成 1 个,从求解应力分量变换为求解应力函数。但带来的代价是方程阶次的提高。

(2) 将式(2-50)或(2-51)代入式(2-39),且考虑到体力为常数,得到:

$$\left(\frac{\partial^2}{\partial x^2} + \frac{\partial^2}{\partial y^2} \right) \left(\frac{\partial^2 \Phi}{\partial y^2} - f_x x + \frac{\partial^2 \Phi}{\partial x^2} - f_y y \right) = 0 \tag{2-52}$$

由于 f_x 和 f_y 为常量,于是式(2-52)可简化为

$$\left(\frac{\partial^2}{\partial x^2} + \frac{\partial^2}{\partial y^2} \right) \left(\frac{\partial^2 \Phi}{\partial y^2} + \frac{\partial^2 \Phi}{\partial x^2} \right) = 0 \tag{2-53}$$

或者

$$\mathbf{\nabla}^2 \mathbf{\nabla}^2 \Phi = \mathbf{\nabla}^4 \Phi = 0 \tag{2-54}$$

式(2-54)就是应力函数表示的相容方程。因此,应力函数应当满足重调和方程,也就是说,它应当是重调和函数。

(3) 若全部为应力边界条件($S = S_\sigma$),则如下应力边界条件也可用 Φ 进一步表示。

$$(l\sigma_x + m\tau_{yx})_s = \overline{f_x}, \quad (m\sigma_y + l\tau_{xy})_s = \overline{f_y} \tag{2-55}$$

在常体力下求解平面问题,可转变为按应力函数 Φ 求解,Φ 应满足:

①域内相容方程 $\mathbf{\nabla}^4 \Phi = 0$;

②$S = S_\sigma$ 上的应力边界条件 $(l\sigma_x + m\tau_{yx})_s = \overline{f_x}, (m\sigma_y + l\tau_{xy})_s = \overline{f_y}$;

③多连体中的位移单值条件。

2.2.7 逆解法和半逆解法

用应力法求解平面问题一般有两种方法:逆解法和半逆解法。

逆解法:先设定各种满足相容方程的应力函数,然后求应力分量,再根据边界条件来考察这些应力分量对应什么样的面力,从而得知所设定的应力函数可以解决什么样的问题。

半逆解法:针对所要求解的问题,根据弹性体的边界条件,先设定一部分或全部应力分量函数,从而导出应力函数,再考察这个应力函数是否满足相容方程,应力分量是否满足边界条件,若满足,则这个结果就是正确的,若不满足,还须另作假设,重新考察。

1. 逆解法

(1) 先找出满足 $\mathbf{\nabla}^4 \Phi = 0$ 的解 Φ;

(2) 将 Φ 代入式(2-56),求出 σ_x、σ_y、τ_{xy}。

$$\begin{cases} \sigma_x = \frac{\partial^2 \Phi}{\partial y^2} - f_x x \\[2mm] \sigma_y = \frac{\partial^2 \Phi}{\partial x^2} - f_y y \\[2mm] \tau_{xy} = -\frac{\partial^2 \Phi}{\partial x \partial y} \end{cases} \tag{2-56}$$

(3) 在给定边界 S 下,由式(2-56)反推出各边界上的面力:

$$\begin{cases} \overline{f}_x = (l\sigma_x + m\tau_{xy})_S \\ \overline{f}_y = (m\sigma_y + l\tau_{xy})_S \end{cases} \qquad (2\text{-}57)$$

从而得出在面力(见式(2-57))作用下的解答,就是上述 Φ 和应力分量。逆解法没有针对性,但可以积累基本解答。

假定体力不计,应力函数取为多项式,研究几个平面问题。

[例 2-1] 一次式 $\Phi = ax + by + c$ 对应于无体力、无面力、无应力状态,故应力函数加减一次式,不影响应力。此结论可视为应力函数的一个基本性质。

[例 2-2] 二次式 $\Phi = ax^2 + bxy + cy^2$,每一项分别表示常量的应力和边界面力,即均匀应力状态如图 2-15 示。

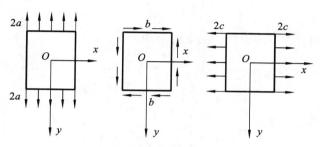

图 2-15 常量边界面力

[例 2-3] 三次式 $\Phi = ay^3$ 能解决梁的纯弯曲问题,如图 2-16 所示。

[例 2-4] 如图 2-17 所示的矩形长梁,$l \gg h$,试考察应力函数 $\Phi = \dfrac{F}{2h^3}xy(3h^2 - 4y^2)$ 能解决什么样的受力问题?(不计体力)

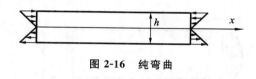

图 2-16 纯弯曲

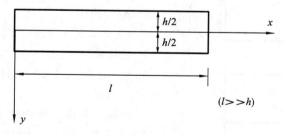

图 2-17 矩形长梁

解 按逆解法。

(1) 将 Φ 代入相容方程,可见 $\nabla^4 \Phi = 0$ 是满足的。Φ 有可能成为该问题的解。

(2) 由 Φ 求出应力分量

$$\sigma_x = \frac{\partial^2 \Phi}{\partial y^2} = \frac{12Fxy}{h^3}$$

$$\sigma_y = \frac{\partial^2 \Phi}{\partial x^2} = 0$$

$$\tau_{xy} = -\frac{\partial^2 \Phi}{\partial x \partial y} = -\frac{3F}{2h}\left(1 - 4\frac{y^2}{h^2}\right)$$

（3）由边界形状和应力分量反推边界上的面力。

在主要边界（大边界）$y = \pm h/2$ 上，有

$$\sigma_y = 0, \quad \tau_{yx} = 0$$

因此，在 $y = \pm h/2$ 的边界面上，无任何面力作用，即

$$\overline{f}_x = \overline{f}_y = 0$$

当 $x = 0$（负 x 面）时，$\overline{f}_x = -(\sigma_x)_{x=0} = 0$ 自动满足 $\overline{f}_y = -(\tau_{xy})_{x=0} = \frac{3F}{2h}\left(1 - 4\frac{y^2}{h^2}\right)$。

$$\int_{-h/2}^{h/2} \frac{3F}{2h}\left(1 - 4\frac{y^2}{h^2}\right)\mathrm{d}y = F$$

可见，左边界的面力静力等效于一向下的集中力 F。

当 $x = l$（正 x 面）时，$\overline{f}_x = (\sigma_x)_{x=l} = -\frac{12Fl}{h^3}y$，$\overline{f}_y = (\tau_{xy})_{x=l} = -\frac{3F}{2h}\left(1 - 4\frac{y^2}{h^2}\right)$。

$$\int_{-h/2}^{h/2} \overline{f}_x \mathrm{d}y = \int_{-h/2}^{h/2} -\frac{12Fl}{h^3}y \mathrm{d}y = 0$$

$$\int_{-h/2}^{h/2} \overline{f}_x y \mathrm{d}y = \int_{-h/2}^{h/2} -\frac{12Fl}{h^3}y^2 \mathrm{d}y = -Fl$$

$$\int_{-h/2}^{h/2} \overline{f}_y \mathrm{d}y = \int_{-h/2}^{h/2} -\frac{3F}{2h}\left(1 - 4\frac{y^2}{h^2}\right)\mathrm{d}y = -F$$

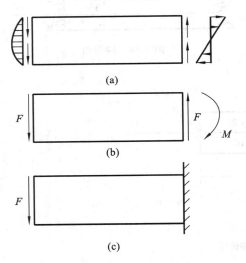

图 2-18　矩形长梁的受力及边界条件

(a)小边界面力；(b)小边界主矢量和主矩；(c)悬臂梁

在 $x = 0$ 处，l 小边界上的面力 $\overline{f}_x$、$\overline{f}_y$ 如图 2-18(a)所示，而其主矢量和主矩如图 2-18(b)所示。

由此可得出结论：上述应力函数可以解决悬臂梁在 $x = 0$ 处受集中力 F 作用的问题，如图 2-18(c)所示。

［例 2-5］　矩形梁的纯弯曲问题求解。

长梁尺寸为 $l \times h \times 1$（长度 l 远远大于深度 h，且二者远大于1），无体力，只受 M 作用，如图 2-19 所示。

解　本题是平面应力问题，且为单连体，若按 Φ 求解，Φ 应满足相容方程及 $S = S_\sigma$ 上的应力边界条件。

（1）由逆解法，可取 $\Phi = ay^3$，且满足 $\nabla^4 \Phi = 0$。

（2）求应力

$$\sigma_x = 6ay, \quad \sigma_y = \tau_{xy} = 0$$

（3）检验应力边界条件，原则是：先校核主要边界（大边界），必须精确满足应力边界条件；后校核次要边界（小边界），若不能精确满足应力边界条件，则应用圣维南原理，用积分的应力边界条件代替。

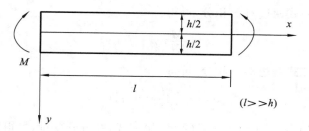

图 2-19 矩形长梁纯弯曲问题

主要边界 $y = \pm h/2$,

$$(\sigma_y)_{y=\pm h/2} = 0, \quad (\tau_{yx})_{y=\pm h/2} = 0$$

所以主要边界的边界条件均满足。

次要边界 $x = 0, l$,

$$(\tau_{xy})_{x=0,l} = 0$$

也满足。而 σ_x 的边界条件无法精确满足。用以下两个积分的条件代替

$$\int_{-h/2}^{h/2} (\sigma_x)_{x=0,l} \, \mathrm{d}y \cdot 1 = 0$$

$$\int_{-h/2}^{h/2} (\sigma_x)_{x=0,l} y \cdot \mathrm{d}y \cdot 1 = M$$

第一式自然满足,由第二式得出

$$a = 2M/h^3$$

最终得到应力解:

$$\sigma_x = \frac{12M}{h^3} y = \frac{M}{I} y, \quad \sigma_y = \tau_{xy} = 0$$

当 $l \gg h$ 时,即使在 $x=0$ 处,l 边界上面力不同于 σ_x 的分布,其误差仅影响梁的两端部分上的应力。

在按应力求解中,若已得出应力,如何求出位移?以纯弯曲问题为例,已知

$$\sigma_x = \frac{M}{I} y, \quad \sigma_y = \tau_{xy} = 0 \tag{2-58}$$

试求解其位移。

(1)由物理方程求应变:

$$\begin{cases} \varepsilon_x = \dfrac{1}{E}(\sigma_x - \mu\sigma_y) = \dfrac{M}{EI} y \\[2mm] \varepsilon_y = \dfrac{1}{E}(\sigma_y - \mu\sigma_x) = -\dfrac{\mu M}{EI} y \\[2mm] \gamma_{xy} = \dfrac{2(1+\mu)}{E} \tau_{xy} = 0 \end{cases} \tag{2-59}$$

(2)代入几何方程表示位移:

$$\begin{cases} \dfrac{\partial u}{\partial x} = \varepsilon_x = \dfrac{M}{EI} y \\[2mm] \dfrac{\partial v}{\partial y} = \varepsilon_y = -\dfrac{\mu M}{EI} y \\[2mm] \dfrac{\partial v}{\partial x} + \dfrac{\partial u}{\partial y} = \gamma_{xy} = 0 \end{cases} \tag{2-60}$$

（3）式（2-60）第一式两边对 x 积分，可得：

$$u = \frac{M}{EI}xy + f_1(y) \qquad (2\text{-}61)$$

（4）式（2-60）第二式两边对 y 积分，可得：

$$v = -\frac{\mu M}{2EI}y^2 + f_2(x) \qquad (2\text{-}62)$$

（5）再将式（2-61）、式（2-62）代入式（2-60）第三式，并分开变量，可得：

$$\frac{Mx}{EI} + \frac{\mathrm{d}f_2(x)}{\mathrm{d}x} = -\frac{\mathrm{d}f_1(y)}{\mathrm{d}y} \qquad (2\text{-}63)$$

式（2-63）左边只是 x 的函数，右边只是 y 的函数，对任意的 x、y 都必须成立，而坐标 x 和 y 线性无关，故两边都必须为同一常量 ω。

$$\frac{Mx}{EI} + \frac{\mathrm{d}f_2(x)}{\mathrm{d}x} = -\frac{\mathrm{d}f_1(y)}{\mathrm{d}y}(= \omega) \qquad (2\text{-}64)$$

由此解出

$$f_1(y) = -\omega y + u_0$$
$$f_2(x) = -\frac{M}{2EI}x^2 + \omega x + v_0 \qquad (2\text{-}65)$$

得出位移为

$$u = \frac{M}{EI}xy - \omega y + u_0 \qquad (2\text{-}66)$$

$$v = -\frac{\mu M}{2EI}y^2 - \frac{M}{2EI}x^2 + \omega x + v_0 \qquad (2\text{-}67)$$

（6）待定的刚体位移分量 u_0、v_0、ω 须由边界约束条件来确定。对于简支梁（见图 2-20），边界条件如下：

$$(u)_{\substack{x=0\\y=0}} = 0, \quad (v)_{\substack{x=0\\y=0}} = 0, \quad (v)_{\substack{x=l\\y=0}} = 0 \qquad (2\text{-}68)$$

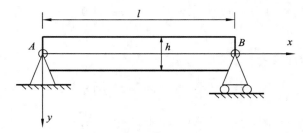

图 2-20 简支梁

将式（2-68）代入式（2-66）和式（2-67），可得

$$u_0 = v_0 = 0, \quad \omega = \frac{Ml}{2EI} \qquad (2\text{-}69)$$

即

$$u = \frac{M}{EI}\left(x - \frac{l}{2}\right)y \qquad (2\text{-}70)$$

$$v = \frac{M}{2EI}(l - x)x - \frac{\mu M}{2EI}y^2 \qquad (2\text{-}71)$$

挠曲线方程为

$$v_{y=0} = \frac{M}{2EI}(l - x)x \qquad (2\text{-}72)$$

对于悬臂梁(见图 2-21),边界条件如下:

$$(u)_{x=l} = 0, \quad (v)_{x=l} = 0 \qquad (2\text{-}73)$$

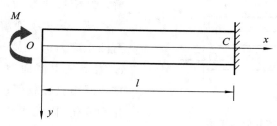

图 2-21　悬臂梁

多项式解无法满足以上条件,可假定满足以下边界条件:

$$(u)_{\substack{x=l \\ y=0}} = 0, \quad (v)_{\substack{x=l \\ y=0}} = 0, \quad \left(\frac{\partial v}{\partial x}\right)_{\substack{x=l \\ y=0}} = 0 \qquad (2\text{-}74)$$

由边界条件

$$u_0 = 0, \quad v_0 = -\frac{Ml^2}{2EI}, \quad \omega = \frac{Ml}{EI} \qquad (2\text{-}75)$$

可得:

$$u = -\frac{M}{EI}(l - x)y \qquad (2\text{-}76)$$

$$v = -\frac{M}{2EI}(l - x)^2 - \frac{\mu M}{2EI}y^2 \qquad (2\text{-}77)$$

挠曲线方程为

$$v_{y=0} = -\frac{M}{2EI}(l - x)^2 \qquad (2\text{-}78)$$

纯弯曲问题的讨论:

(1)弯曲正应力 σ_x 与材料力学的解相同。

(2)铅直线的转角 $\beta = \dfrac{\partial u}{\partial y} = \dfrac{M}{EI}x - \omega$,故在任一截面 x 处,进一步证明了材料力学中的平面假设是成立的。

(3)纵向纤维的曲率 $\dfrac{1}{\rho} = -\dfrac{\partial^2 v}{\partial x^2} = \dfrac{M}{EI}$ 与材料力学的结果相同。故在纯弯曲情况下,弹性力学解与材料力学解相同。

2. 半逆解法

半逆解法步骤:

(1)假设应力的函数形式(根据受力情况、边界条件等);

（2）由应力和应力函数之间的关系，推测 Φ 的函数形式；

（3）代入 $\nabla^4 \Phi = 0$，解出 Φ；

（4）由应力分量计算公式，求出应力；

（5）校核全部应力边界条件（对于多连体，还须满足位移单值条件）；

（6）若能满足，则为正确解答；否则修改假设，重新求解。

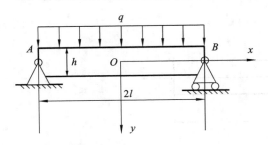

图 2-22 均布载荷简支梁

[例 2-6] 均布载荷下的简支梁问题求解。结构尺寸为 $2l \times h \times 1$，如图 2-22 所示。

解 采用半逆解法。由材料力学已知，弯曲正应力 σ_x 主要是由弯矩引起的，切应力 τ_{xy} 主要是由截面剪力引起的，挤压应力 σ_y 主要是由直接载荷 q 引起的。q 不随 x 的变化而变化，因此可以假设 σ_y 不随 x 的变化而变化，只是 y 的函数。所以可假设

$$\sigma_y = f(y)$$

又有

$$\sigma_y = \frac{\partial^2 \Phi}{\partial x^2}$$

若不计体力，积分可得：

$$\Phi = \frac{x^2}{2} f(y) + x f_1(y) + f_2(y)$$

式中：$f(y)$、$f_1(y)$ 和 $f_2(y)$ 都是待定的关于 y 的函数。

代入相容方程可得：

$$\frac{1}{2} \frac{\mathrm{d}^4 f(y)}{\mathrm{d}y^4} x^2 + \frac{\mathrm{d}^4 f_1(y)}{\mathrm{d}y^4} x + \frac{\mathrm{d}^4 f_2(y)}{\mathrm{d}y^4} + 2 \frac{\mathrm{d}^2 f(y)}{\mathrm{d}y^2} = 0$$

若上式对于任何的 x 都成立，则该式各系数及自由项均应等于 0，所以可以令

$$f(y) = Ay^3 + By^2 + Cy + D$$

$$f_1(y) = Ey^3 + Fy^2 + Gy$$

$$f_2(y) = -\frac{A}{10} y^5 - \frac{B}{6} y^4 + Hy^3 + Ky^2$$

将以上三式代入 Φ 表达式可得：

$$\Phi = \frac{x^2}{2} (Ay^3 + By^2 + Cy + D) + x(Ey^3 + Fy^2 + Gy)$$

$$- \frac{A}{10} y^5 - \frac{B}{6} y^4 + Hy^3 + Ky^2$$

由应力函数求应力分量 σ_x、σ_y、τ_{xy}，可得：

$$\sigma_x = \frac{x^2}{2} (6Ay + 2B) + x(6Ey + 2F) - 2Ay^3 - 2By^2 + 6Hy + 2K$$

$$\sigma_y = Ay^3 + By^2 + Cy^2 + D$$

$$\tau_{xy} = -x(3Ay^2 + 2By + C) - (3Ey^2 + 2Fy + G)$$

这些应力分量是满足平衡方程和相容方程的。因此，如果能够适当选择常数 $A,B,\cdots,K$，使所有的边界条件都被满足，则上述应力分量即为正确的解答。

（1）考虑 σ_x、σ_y 为 x 的偶函数，τ_{xy} 为 x 的奇函数，故有

$$\sigma_x(x,y)=\sigma_x(-x,y)$$
$$\sigma_y(x,y)=\sigma_y(-x,y)$$
$$\tau_{xy}(x,y)=-\tau_{xy}(-x,y)$$

则

$$\left.\begin{aligned}\sigma_x=&\frac{x^2}{2}(6Ay+2B)+x(6Ey+2F)\\&-2Ay^3-2By^2+6Hy+2K\end{aligned}\right\}\Rightarrow E=F=0$$

$$\tau_{xy}=-x(3Ay^2+2By+C)-(3Ey^2+2Fy+G)\Rightarrow G=0$$

（2）检查上、下两条边界（主要边界）

$$(\sigma_y)_{y=\frac{h}{2}}=0,\quad(\sigma_y)_{y=-\frac{h}{2}}=-q,\quad(\tau_{xy})_{y=\pm\frac{h}{2}}=0$$

可得：

$$A=-\frac{2q}{h^3},\quad B=0,\quad C=\frac{3q}{2h},\quad D=-\frac{q}{2}$$

（3）检查次要边界求 H、K：根据圣维南原理，当 $x=l$ 时，有

$$\int_{-\frac{h}{2}}^{\frac{h}{2}}(\sigma_x)_{x=l}\mathrm{d}y=0,\quad\int_{-\frac{h}{2}}^{\frac{h}{2}}(\sigma_x)_{x=l}y\mathrm{d}y=0$$

故有

$$K=0,\quad H=\frac{ql^2}{h^3}-\frac{q}{10h}$$

另应有

$$\int_{-\frac{h}{2}}^{\frac{h}{2}}(\tau_{xy})_{x=l}\mathrm{d}y=-ql$$

最终可得：

$$\sigma_x=\frac{6q}{h^3}(l^2-x^2)y+q\frac{y}{h}\left(4\frac{y^2}{h^2}-\frac{3}{5}\right)$$

$$\sigma_y=-\frac{q}{2}\left(1+\frac{y}{h}\right)\left(1-\frac{2y}{h}\right)^2$$

$$\tau_{xy}=-\frac{6q}{h^3}x\left(\frac{h^2}{4}-y^2\right)$$

又由

$$I=\frac{h^3}{12},\quad S=\int_y^{\frac{h}{2}}y\mathrm{d}y=\frac{h^2}{8}-\frac{y^2}{2}$$

可得任一截面弯矩及剪力：

$$M=ql(l-x)-\frac{q}{2}(l-x)^2=\frac{q}{2}(l^2-x^2),\quad F_s=-qx$$

故有

$$\sigma_x = \frac{M}{I}y + q\,\frac{y}{h}\left(4\,\frac{y^2}{h^2} - \frac{3}{5}\right)$$

$$\sigma_y = -\frac{q}{2}\left(1 + \frac{y}{h}\right)\left(1 - \frac{2y}{h}\right)^2$$

$$\tau_{xy} = -\frac{6q}{h^3}x\left(\frac{h^2}{4} - y^2\right) = \frac{F_S S}{I}$$

讨论：

（1）将上式中 σ_x 与材料力学结果比较，σ_x 第二项为修正项。当 $2l/h = 2$ 时，修正项将为第一项的 1/15。

（2）应力分量沿 y 方向分布如图 2-23 所示。

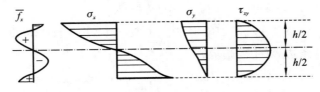

图 2-23　应力分布

（3）在梁的两端面有水平面力，σ_x 在 $x = \pm l$ 处不能精确地满足应力边界条件，由于其为平衡力系，根据圣维南原理，远处足够精确。

弹性力学与材料力学的解法比较：

（1）弹性力学严格考虑并满足了物体域内的平衡方程、几何方程和物理方程，以及边界上的所有边界条件（在小边界上尽管应用了圣维南原理，但只影响小边界附近的局部区域）。

（2）材料力学在许多方面都做了近似处理，所以得出的是近似解答。但对于杆件，材料力学解法及解答具有足够的精度。

（3）对于非杆件，不能用材料力学解法求解，应采用弹性力学解法求解。

2.3　空间问题基本方程

2.3.1　空间问题三大方程

在物体内任意一点，取图示微小单元体，单元体各面上的应力分量如图 2-24 所示。若以连接单元体前后两面中心的直线为 ab，由平衡方程，对 ab 线取矩为 0，可得：

$$\left(\tau_{yz} + \frac{\partial \tau_{yz}}{\partial y}\mathrm{d}y\right)\mathrm{d}x\mathrm{d}z\,\frac{\mathrm{d}y}{2} + \tau_{yz}\mathrm{d}x\mathrm{d}z\,\frac{\mathrm{d}y}{2} - \left(\tau_{zy} + \frac{\partial \tau_{zy}}{\partial z}\mathrm{d}z\right)\mathrm{d}x\mathrm{d}y\,\frac{\mathrm{d}z}{2} - \tau_{zy}\mathrm{d}x\mathrm{d}y\,\frac{\mathrm{d}z}{2} = 0$$

$$(2\text{-}79)$$

可得：

$$\tau_{yz} = \tau_{zy} \tag{2-80}$$

类似的，

$$\tau_{zx} = \tau_{xz}$$
$$\tau_{xy} = \tau_{yx} \tag{2-81}$$

同理,由 x、y、z 三个方向主矢量为 0,即

$$\sum F_x = 0, \quad \sum F_y = 0, \quad \sum F_z = 0 \tag{2-82}$$

可得:

$$\begin{cases} \dfrac{\partial \sigma_x}{\partial x} + \dfrac{\partial \tau_{yx}}{\partial y} + \dfrac{\partial \tau_{zx}}{\partial z} + f_x = 0 \\[2mm] \dfrac{\partial \sigma_y}{\partial y} + \dfrac{\partial \tau_{zy}}{\partial z} + \dfrac{\partial \tau_{xy}}{\partial x} + f_y = 0 \\[2mm] \dfrac{\partial \sigma_z}{\partial z} + \dfrac{\partial \tau_{xz}}{\partial x} + \dfrac{\partial \tau_{yz}}{\partial y} + f_z = 0 \end{cases} \tag{2-83}$$

此为 P 点空间直角坐标下的平衡方程。

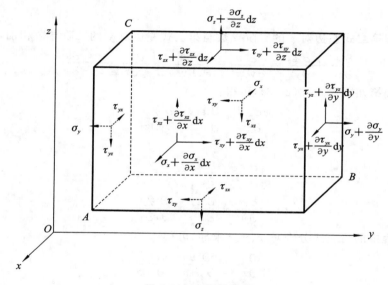

图 2-24 空间单元体

空间问题中,应变分量与位移分量应该满足下列六个方程:

$$\begin{cases} \varepsilon_x = \dfrac{\partial u}{\partial x} \\[2mm] \varepsilon_y = \dfrac{\partial v}{\partial y} \\[2mm] \varepsilon_z = \dfrac{\partial w}{\partial z} \\[2mm] \gamma_{yz} = \dfrac{\partial w}{\partial y} + \dfrac{\partial v}{\partial z} \\[2mm] \gamma_{zx} = \dfrac{\partial u}{\partial z} + \dfrac{\partial w}{\partial x} \\[2mm] \gamma_{xy} = \dfrac{\partial v}{\partial x} + \dfrac{\partial u}{\partial y} \end{cases} \tag{2-84}$$

其中的第一式、第二式和第六式已在平面问题的几何方程中进行了推导,其余三式可用类似的方法导出。

各向同性体的应变分量和应力分量之间的关系即为物理方程:

$$\begin{cases} \varepsilon_x = \dfrac{1}{E}[\sigma_x - \mu(\sigma_y + \sigma_z)] \\[2mm] \varepsilon_y = \dfrac{1}{E}[\sigma_y - \mu(\sigma_z + \sigma_x)] \\[2mm] \varepsilon_z = \dfrac{1}{E}[\sigma_z - \mu(\sigma_x + \sigma_y)] \\[2mm] \gamma_{yz} = \dfrac{1}{G}\tau_{yz} \\[2mm] \gamma_{zx} = \dfrac{1}{G}\tau_{zx} \\[2mm] \gamma_{xy} = \dfrac{1}{G}\tau_{xy} \end{cases} \tag{2-85}$$

将几何方程第二式左边对 z 的二阶导数与第三式左边对 y 的二阶导数相加,可得:

$$\frac{\partial^2 \varepsilon_y}{\partial z^2} + \frac{\partial^2 \varepsilon_z}{\partial y^2} = \frac{\partial^3 v}{\partial y \partial z^2} + \frac{\partial^3 w}{\partial z \partial y^2} = \frac{\partial^2}{\partial y \partial z}\left(\frac{\partial v}{\partial z} + \frac{\partial w}{\partial y}\right) \tag{2-86}$$

将几何方程第四式代入式(2-86),可得:

$$\frac{\partial^2 \varepsilon_y}{\partial z^2} + \frac{\partial^2 \varepsilon_z}{\partial y^2} = \frac{\partial^2 \gamma_{yz}}{\partial y \partial z} \tag{2-87}$$

同理,

$$\begin{cases} \dfrac{\partial^2 \varepsilon_z}{\partial x^2} + \dfrac{\partial^2 \varepsilon_x}{\partial z^2} = \dfrac{\partial^2 \gamma_{zx}}{\partial z \partial x} \\[3mm] \dfrac{\partial^2 \varepsilon_x}{\partial y^2} + \dfrac{\partial^2 \varepsilon_y}{\partial x^2} = \dfrac{\partial^2 \gamma_{xy}}{\partial x \partial y} \end{cases} \tag{2-88}$$

将几何方程中的后三式分别对 x、y、z 求导,可得:

$$\begin{cases} \dfrac{\partial \gamma_{yz}}{\partial x} = \dfrac{\partial^2 w}{\partial y \partial x} + \dfrac{\partial^2 v}{\partial z \partial x} \\[3mm] \dfrac{\partial \gamma_{zx}}{\partial y} = \dfrac{\partial^2 u}{\partial z \partial y} + \dfrac{\partial^2 w}{\partial x \partial y} \\[3mm] \dfrac{\partial \gamma_{xy}}{\partial z} = \dfrac{\partial^2 v}{\partial x \partial z} + \dfrac{\partial^2 u}{\partial y \partial z} \end{cases} \tag{2-89}$$

并由此而得

$$\frac{\partial}{\partial x}\left(-\frac{\partial \gamma_{yz}}{\partial x} + \frac{\partial \gamma_{zx}}{\partial y} + \frac{\partial \gamma_{xy}}{\partial z}\right) = \frac{\partial}{\partial x}\left(2\frac{\partial^2 u}{\partial y \partial z}\right) \tag{2-90}$$

经简化,可得:

$$\frac{\partial}{\partial x}\left(-\frac{\partial \gamma_{yz}}{\partial x} + \frac{\partial \gamma_{zx}}{\partial y} + \frac{\partial \gamma_{xy}}{\partial z}\right) = 2\frac{\partial^2}{\partial y \partial z}\left(\frac{\partial u}{\partial x}\right) = 2\frac{\partial^2 \varepsilon_x}{\partial y \partial z} \tag{2-91}$$

同理,

$$\begin{cases} \dfrac{\partial}{\partial y}\left(-\dfrac{\partial \gamma_{zx}}{\partial y} + \dfrac{\partial \gamma_{xy}}{\partial z} + \dfrac{\partial \gamma_{yz}}{\partial x}\right) = 2\dfrac{\partial^2 \varepsilon_y}{\partial z \partial x} \\[3mm] \dfrac{\partial}{\partial z}\left(-\dfrac{\partial \gamma_{xy}}{\partial z} + \dfrac{\partial \gamma_{yz}}{\partial x} + \dfrac{\partial \gamma_{zx}}{\partial y}\right) = 2\dfrac{\partial^2 \varepsilon_z}{\partial x \partial y} \end{cases} \tag{2-92}$$

方程(2-87)、方程(2-88)、方程(2-91)、方程(2-92)称为变形协调条件,也称相容方程。

将物理方程代入上述相容方程,并利用平衡方程简化后,得到用应力分量表示的相容方程:

$$
\begin{cases}
(1+\mu)\,\nabla^2\sigma_x + \dfrac{\partial^2\Theta}{\partial x^2} = -\dfrac{1+\mu}{1-\mu}\left[(2-\mu)\dfrac{\partial f_x}{\partial x} + \mu\dfrac{\partial f_y}{\partial y} + \mu\dfrac{\partial f_z}{\partial z}\right] \\[2mm]
(1+\mu)\,\nabla^2\sigma_y + \dfrac{\partial^2\Theta}{\partial y^2} = -\dfrac{1+\mu}{1-\mu}\left[(2-\mu)\dfrac{\partial f_y}{\partial y} + \mu\dfrac{\partial f_z}{\partial z} + \mu\dfrac{\partial f_x}{\partial x}\right] \\[2mm]
(1+\mu)\,\nabla^2\sigma_z + \dfrac{\partial^2\Theta}{\partial z^2} = -\dfrac{1+\mu}{1-\mu}\left[(2-\mu)\dfrac{\partial f_z}{\partial z} + \mu\dfrac{\partial f_x}{\partial x} + \mu\dfrac{\partial f_y}{\partial y}\right] \\[2mm]
(1+\mu)\,\nabla^2\tau_{yz} + \dfrac{\partial^2\Theta}{\partial y\partial z} = -(1+\mu)\left(\dfrac{\partial f_z}{\partial y} + \dfrac{\partial f_y}{\partial z}\right) \\[2mm]
(1+\mu)\,\nabla^2\tau_{zx} + \dfrac{\partial^2\Theta}{\partial z\partial x} = -(1+\mu)\left(\dfrac{\partial f_x}{\partial z} + \dfrac{\partial f_z}{\partial x}\right) \\[2mm]
(1+\mu)\,\nabla^2\tau_{xy} + \dfrac{\partial^2\Theta}{\partial x\partial y} = -(1+\mu)\left(\dfrac{\partial f_y}{\partial x} + \dfrac{\partial f_x}{\partial y}\right)
\end{cases}
\tag{2-93}
$$

称方程(2-93)为密切尔相容方程。

常体力下的相容方程为

$$
\begin{cases}
(1+\mu)\,\nabla^2\sigma_x + \dfrac{\partial^2\Theta}{\partial x^2} = 0 \\[2mm]
(1+\mu)\,\nabla^2\sigma_y + \dfrac{\partial^2\Theta}{\partial y^2} = 0 \\[2mm]
(1+\mu)\,\nabla^2\sigma_z + \dfrac{\partial^2\Theta}{\partial z^2} = 0 \\[2mm]
(1+\mu)\,\nabla^2\tau_{yz} + \dfrac{\partial^2\Theta}{\partial y\partial z} = 0 \\[2mm]
(1+\mu)\,\nabla^2\tau_{zx} + \dfrac{\partial^2\Theta}{\partial z\partial x} = 0 \\[2mm]
(1+\mu)\,\nabla^2\tau_{xy} + \dfrac{\partial^2\Theta}{\partial x\partial y} = 0
\end{cases}
\tag{2-94}
$$

称方程(2-94)为贝尔特拉米相容方程。

2.3.2 空间问题的应力边界条件

与平面问题类似,由空间问题的应力边界条件可以导出

$$
\begin{cases}
(l\sigma_x + m\tau_{yx} + n\tau_{zx})_s = \overline{f}_x \\
(m\sigma_y + n\tau_{zy} + l\tau_{xy})_s = \overline{f}_y \quad (在\ s_\sigma\ 上) \\
(n\sigma_z + l\tau_{xz} + m\tau_{yz})_s = \overline{f}_z
\end{cases}
\tag{2-95}
$$

2.3.3 应力法求解空间问题

按应力求解空间问题时,需要使得 6 个应力分量在弹性体区域内满足平衡方程(见式(2-83))和相容方程(见式(2-93)或式(2-94)),并在边界上满足应力边界条件(见式(2-95))。此

外,还要满足多连体中的位移单值条件。

2.4　等截面杆的扭转问题

2.4.1　等截面杆扭转的弹性力学求解

材料力学中我们学习了等截面圆杆扭转,采用了平面假设。对于非圆截面杆的扭转问题,如图 2-25 所示,平面假设还能成立吗?其实柱体扭转精确求解是十分困难的,实际问题中,柱体两端面上外力分布往往不清楚,而只知道其静力等效;即使知道了外力在端面上的分布,也很难得到一组解答能精确地满足端面上的边界条件。

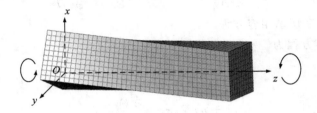

图 2-25　方形截面柱体的扭转

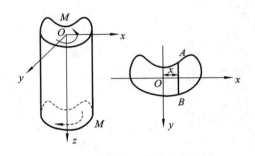

图 2-26　等截面柱体坐标系

对于图 2-26 所示的等截面柱体,无体力作用,柱体侧面无面力作用,柱体上下端面的面力合成一对力矩 M。

利用应力法求解空间问题:应力应满足 3 个平衡方程、6 个相容方程及应力边界条件。求解步骤如下。

(1) 由扭转问题的特性,依照材料力学对于圆形截面柱的解答,这里也假设:横截面上除了切应力外,其他应力分量皆为 0。

$$\sigma_x = \sigma_y = \sigma_z = \tau_{xy} = 0 \tag{2-96}$$

因此,应力分量只有 τ_{zx}、τ_{zy},代入 3 个平衡方程可得:

$$\frac{\partial \tau_{zx}}{\partial z} = 0, \quad \frac{\partial \tau_{zy}}{\partial z} = 0, \quad \frac{\partial \tau_{zx}}{\partial x} + \frac{\partial \tau_{zy}}{\partial y} = 0 \tag{2-97}$$

由式(2-97)前两式可知 τ_{zx}、τ_{zy} 仅为 (x,y) 的函数。由第三式可得:

$$\frac{\partial}{\partial x}(\tau_{zx}) = \frac{\partial}{\partial y}(-\tau_{zy}) \tag{2-98}$$

又由偏导数的相容性,可知存在一个函数 Φ,使得 2 个切应力均可用 1 个扭转应力函数 $\Phi(x,y)$ 表示为

$$\tau_{zx} = \frac{\partial \Phi}{\partial y}, \quad \tau_{zy} = -\frac{\partial \Phi}{\partial x} \tag{2-99}$$

（2）将式(2-97)代入 6 个相容方程（见式(2-94)），前三式和第六式自然满足，其余两式为

$$\nabla^2 \tau_{zx} = 0, \quad \nabla^2 \tau_{zy} = 0 \tag{2-100}$$

将式(2-99)代入式(2-100)，可得：

$$\frac{\partial}{\partial x} \nabla^2 \Phi = 0, \quad \frac{\partial}{\partial y} \nabla^2 \Phi = 0 \tag{2-101}$$

由此得出扭转应力函数 Φ 应满足的方程：

$$\nabla^2 \Phi = C \tag{2-102}$$

式中：C 为待定常数。

（3）考察侧面边界条件（$n=0, \overline{f_x} = \overline{f_y} = \overline{f_z} = 0$），应力边界条件（见式(2-95)）前两式自然满足，第三式成为

$$(l\tau_{zx} + m\tau_{zy})_s = 0 \tag{2-103}$$

如图 2-27 所示，外法线 $\boldsymbol{n}$ 的方向余弦为

$$l = \cos(\boldsymbol{n}, x) = \cos\alpha = \frac{\mathrm{d}y}{\mathrm{d}s} \tag{2-104}$$

$$m = \cos(\boldsymbol{n}, y) = \sin\alpha = -\frac{\mathrm{d}x}{\mathrm{d}s} \tag{2-105}$$

将 l、m 代入式(2-103)，可得：

$$\left(\frac{\partial \Phi}{\partial y}\frac{\mathrm{d}y}{\mathrm{d}s} + \frac{\partial \Phi}{\partial x}\frac{\mathrm{d}x}{\mathrm{d}s}\right)_s = \frac{\mathrm{d}\Phi}{\mathrm{d}s} = 0 \tag{2-106}$$

因此，Φ 在侧面 s 上为常数。又由于 Φ 中常数不影响应力，因此 Φ 的侧面边界条件为

$$(\Phi)_s = 0 \tag{2-107}$$

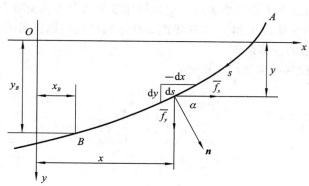

图 2-27　曲线积分路径

考察上端面（$z=0$）的边界条件：$l=m=0, n=-1$，应力边界条件（见式(2-95)）的第三式总能自动满足，前两式变为

$$-(\tau_{zx})_{z=0} = \overline{f_x}, \quad -(\tau_{zy})_{z=0} = \overline{f_y} \tag{2-108}$$

因上端面的面力分量未知，只知其主矢量为 0，而主矩为 M，采用圣维南原理，将上端面的应力边界条件改为主矢量和主矩的代替条件：

$$\begin{cases} -\iint_A (\tau_{zx})_{z=0}\mathrm{d}x\mathrm{d}y = \iint_A \overline{f_x}\mathrm{d}x\mathrm{d}y = 0 \\ -\iint_A (\tau_{zy})_{z=0}\mathrm{d}x\mathrm{d}y = \iint_A \overline{f_y}\mathrm{d}x\mathrm{d}y = 0 \\ -\iint_A (y\tau_{zx} - x\tau_{zy})_{z=0}\mathrm{d}x\mathrm{d}y = \iint_A (y\overline{f_x} - x\overline{f_y})\mathrm{d}x\mathrm{d}y = M \end{cases} \tag{2-109}$$

根据应力分量和应力函数之间的关系,第一式为

$$-\iint_A (\tau_{zx})_{z=0} \, dxdy = -\iint_A \frac{\partial \Phi}{\partial y} dxdy = -\int dx \int \frac{\partial \Phi}{\partial y} dy = -\int_s (\Phi_B - \Phi_A) dx \qquad (2\text{-}110)$$

因为$(\Phi)_s = 0$,所以 $\Phi_B = \Phi_A = 0$,即第一式是自然满足的。同理,第二式也是自然满足的。

对于第三式,

$$M = -\iint (y\tau_{zx} - x\tau_{zy}) dxdy = -\iint \left(y\frac{\partial \Phi}{\partial y} + x\frac{\partial \Phi}{\partial x} \right) dxdy = -\int dx \int y\frac{\partial \Phi}{\partial y} dy - \int dy \int x\frac{\partial \Phi}{\partial x} dx$$

$$(2\text{-}111)$$

分部积分,并注意 Φ 在边界上为零,有

$$\int y\frac{\partial \Phi}{\partial y} dy = y_B\Phi_B - y_A\Phi_A - \int \Phi dy = -\int \Phi dy \qquad (2\text{-}112)$$

$$\int x\frac{\partial \Phi}{\partial x} dx = x_B\Phi_B - x_A\Phi_A - \int \Phi dx = -\int \Phi dx$$

因此,关于 Φ 的端面边界条件为

$$2\iint_A \Phi dxdy = M \qquad (2\text{-}113)$$

所以,扭转问题可以归结为求 1 个扭转应力函数 Φ,Φ 应满足:

①A 内方程$\mathbf{V}^2\Phi = C$;

②侧面 S 上边界条件$(\Phi)_s = 0$;

③端面上边界条件 $2\iint_A \Phi dxdy = M$。

此外,下端面上的边界条件自然满足。空间问题按应力求解的全部条件均已考虑并满足。扭转问题中 $\Phi(x,y)$ 的变量为 x 和 y,因此等截面柱体的扭转问题仍属于二维问题。

(4) 考察扭转问题的位移公式。

根据应力、应变、位移的关系可以得到:

$$\begin{cases} \dfrac{\partial u}{\partial x} = 0 \\[2mm] \dfrac{\partial w}{\partial y} + \dfrac{\partial v}{\partial z} = -\dfrac{1}{G}\dfrac{\partial \Phi}{\partial x} \\[2mm] \dfrac{\partial v}{\partial y} = 0 \\[2mm] \dfrac{\partial u}{\partial z} + \dfrac{\partial w}{\partial x} = \dfrac{1}{G}\dfrac{\partial \Phi}{\partial y} \\[2mm] \dfrac{\partial w}{\partial z} = 0 \\[2mm] \dfrac{\partial v}{\partial x} + \dfrac{\partial u}{\partial y} = 0 \end{cases} \qquad (2\text{-}114)$$

由第一式、第二式和第六式,积分后得到:

$$\begin{cases} u = u_0 + \omega_y z - \omega_z y - Kyz \\ v = v_0 + \omega_z x - \omega_x z + Kxz \end{cases} \qquad (2\text{-}115)$$

不计刚体位移,只保留与形变有关的位移,有

$$\begin{cases} u = -Kyz \\ v = Kxz \end{cases} \qquad (2\text{-}116)$$

可见每个横截面在 xy 面上的投影不改变形状,而只是改变了一个角度 $\alpha=Kz$。所以,杆单位长度内的扭角为 K。

代入第四式和第五式,可得:

$$\begin{cases} \dfrac{\partial w}{\partial x} = \dfrac{1}{G}\dfrac{\partial \Phi}{\partial y} + Ky \\ \dfrac{\partial w}{\partial y} = -\dfrac{1}{G}\dfrac{\partial \Phi}{\partial x} - Kx \end{cases} \tag{2-117}$$

式(2-117)可用来求出位移分量 w。分别对 y 和 x 求导,再相减,可得:

$$\nabla^2\Phi = -2GK \tag{2-118}$$

可见式(2-102)中的 C 为

$$C = -2GK \tag{2-119}$$

综上所述,为了求得扭转问题的解,只需找到应力函数 Φ,使它满足方程(2-102)、方程(2-107)和方程(2-113),然后由式(2-99)求出应力分量,再由式(2-116)和式(2-117)给出位移分量的值。

2.4.2　椭圆截面杆的扭转

对于椭圆截面杆,设椭圆的半轴分别为 a 和 b(见图 2-28),则其边界方程为

$$\frac{x^2}{a^2} + \frac{y^2}{b^2} - 1 = 0 \tag{2-120}$$

因应力函数在边界上应等于零,故可取

$$\Phi = m\left(\frac{x^2}{a^2} + \frac{y^2}{b^2} - 1\right) \tag{2-121}$$

式中:m 为未知的常数。由

$$\nabla^2\Phi = C \tag{2-122}$$

可得:

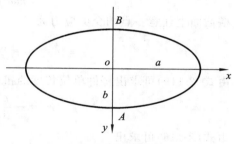

图 2-28　椭圆形截面

$$\frac{2m}{a^2} + \frac{2m}{b^2} = C \tag{2-123}$$

可以求出未知的 m 为

$$m = \frac{a^2 b^2}{2(a^2 + b^2)}C \tag{2-124}$$

故应力函数为

$$\Phi = \frac{a^2 b^2}{2(a^2 + b^2)}C\left(\frac{x^2}{a^2} + \frac{y^2}{b^2} - 1\right) \tag{2-125}$$

又由

$$2\iint\Phi\,\mathrm{d}x\mathrm{d}y = M \tag{2-126}$$

可得:

$$\frac{a^2 b^2}{a^2 + b^2}C\left(\frac{1}{a^2}\iint x^2\,\mathrm{d}x\mathrm{d}y + \frac{1}{b^2}\iint y^2\,\mathrm{d}x\mathrm{d}y - \iint\mathrm{d}x\mathrm{d}y\right) = M \tag{2-127}$$

式中：

$$\iint x^2 \, dx \, dy = I_y = \frac{\pi a^3 b}{4}$$

$$\iint y^2 \, dx \, dy = I_x = \frac{\pi a b^3}{4} \tag{2-128}$$

$$\iint dx \, dy = A = \pi ab$$

进而求出 C 为

$$C = -\frac{2(a^2 + b^2)M}{\pi a^3 b^3} \tag{2-129}$$

则扭转应力函数为

$$\Phi = -\frac{M}{\pi ab}\left(\frac{x^2}{a^2} + \frac{y^2}{b^2} - 1\right) \tag{2-130}$$

由

$$\tau_{zx} = \tau_{xz} = \frac{\partial \Phi}{\partial y}, \quad \tau_{zy} = \tau_{yz} = -\frac{\partial \Phi}{\partial x} \tag{2-131}$$

可得：

$$\tau_{zx} = -\frac{2M}{\pi a b^3}y, \quad \tau_{zy} = -\frac{2M}{\pi a^3 b}x \tag{2-132}$$

横截面上任意一点的合剪应力为

$$\tau = (\tau_{zx}^2 + \tau_{zy}^2)^{\frac{1}{2}} = \frac{2M}{\pi ab}\left(\frac{x^2}{a^4} + \frac{y^2}{b^4}\right)^{\frac{1}{2}} \tag{2-133}$$

由式(2-119)可求出杆件单位长度的扭角：

$$K = -\frac{C}{2G} = \frac{(a^2 + b^2)M}{\pi a^3 b^3 G} \tag{2-134}$$

由式(2-116)可求出

$$u = -\frac{(a^2 + b^2)M}{\pi a^3 b^3 G}yz, \quad v = \frac{(a^2 + b^2)M}{\pi a^3 b^3 G}xz \tag{2-135}$$

由式(2-117)可求出

$$\frac{\partial w}{\partial x} = -\frac{(a^2 - b^2)M}{\pi a^3 b^3 G}y, \quad \frac{\partial w}{\partial y} = -\frac{(a^2 - b^2)M}{\pi a^3 b^3 G}x \tag{2-136}$$

由于 w 只是 x 和 y 的函数，对上两式进行积分，进而得到：

$$w = -\frac{(a^2 - b^2)M}{\pi a^3 b^3 G}xy + f_1(y), \quad w = -\frac{(a^2 - b^2)M}{\pi a^3 b^3 G}xy + f_2(x) \tag{2-137}$$

可知 $f_1(y)$ 和 $f_2(x)$ 应该等于同一个常量 w_0，而 w_0 就是 z 方向的刚体位移。

所以，z 方向的位移为 $w = -\dfrac{a^2 - b^2}{\pi a^3 b^3}Mxy$。

可见横截面不保持为平面，将翘曲成曲面。曲面的等高线在 xy 面上的投影是双曲线，双曲线的渐进线是 x 轴和 y 轴。只有当 $a=b$ 的圆截面时，$w=0$，才保持为平面。这进一步证明了材料力学中圆柱扭转时采用的平面假设。

由上述例子可以看出，对于椭圆等截面直杆，我们给出了横截面上剪应力的计算表达式，但却没有指出截面最大剪应力的位置及其方向。而对于矩形、薄壁杆件这些截面并不复杂的柱体,要求出其精确解都是相当困难的,更不用说较复杂截面的杆件了。

2.4.3　薄膜比拟法

　　为了解决较复杂截面杆件的扭转问题,普朗特提出了薄膜比拟法。该方法建立在柱体扭转问题与受均匀侧压力而四周张紧的弹性薄膜之间数学关系相似的基础之上。一般地说,对于物理现象不同,但数学描述相同的问题,通常都可以应用比拟方法来求解。

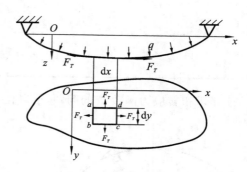

图 2-29　薄膜受力分析

　　薄膜问题:设有一块薄膜张贴在水平边界上,并受到微小的气体压力 q,如图 2-29 所示。薄膜只能承受均匀拉力 F_T(F_T 为单位宽度上的拉力),不能承受弯矩、扭矩、剪力和压力。取出一个微小单元 $abcd$,各边上的作用力均为 F_T,但薄膜的斜率不同。

　　薄膜在左、右面上的斜率分别为: $\dfrac{\partial z}{\partial x}$, $\dfrac{\partial}{\partial x}\left(z+\dfrac{\partial z}{\partial x}\mathrm{d}x\right)$。

　　薄膜在上、下面上的斜率分别为: $\dfrac{\partial z}{\partial y}$, $\dfrac{\partial}{\partial y}\left(z+\dfrac{\partial z}{\partial y}\mathrm{d}y\right)$。

　　由平衡条件 $\sum F_z = 0$,可得:

$$-F_T\mathrm{d}y\frac{\partial z}{\partial x}+F_T\mathrm{d}y\frac{\partial}{\partial x}\left(z+\frac{\partial z}{\partial x}\mathrm{d}x\right)-F_T\mathrm{d}x\frac{\partial z}{\partial y}+F_T\mathrm{d}x\frac{\partial}{\partial y}\left(z+\frac{\partial z}{\partial y}\mathrm{d}y\right)+q\mathrm{d}x\mathrm{d}y=0$$

$$(2\text{-}138)$$

简化后得出薄膜垂度 z 的方程:

$$\nabla^2 z = -\frac{q}{F_T} \qquad (2\text{-}139)$$

薄膜的边界条件为

$$(z)_s = 0 \qquad (2\text{-}140)$$

薄膜与边界平面(xy 面)之间的 2 倍体积为

$$2V = 2\iint_A z\,\mathrm{d}x\,\mathrm{d}y \qquad (2\text{-}141)$$

薄膜在 x、y 方向的斜率为

$$i_x = \frac{\partial z}{\partial x} \quad i_y = \frac{\partial z}{\partial y} \qquad (2\text{-}142)$$

从数学上看,薄膜问题与扭转问题的数学方程相同,它们的比较如表 2-1 所示。

表 2-1　薄膜问题和扭转问题对比分析

	扭 转 问 题	薄 膜 问 题
未知函数	Φ(扭转应力函数)	z(薄膜垂度函数)
域内方程	$\nabla^2 \Phi = -2GK$	$\nabla^2 z = -\dfrac{q}{F_T}$

	扭 转 问 题	薄 膜 问 题
边界条件	$(\Phi)_s = 0$	$(z)_s = 0$
	$2\iint_A \Phi \mathrm{d}x\mathrm{d}y = M$	$2\iint_A z \mathrm{d}x\mathrm{d}y = 2V$
切应力/斜率	$\tau_{zx} = \dfrac{\partial \Phi}{\partial y}, \tau_{zy} = -\dfrac{\partial \Phi}{\partial x}$	$i_y = \dfrac{\partial z}{\partial y}, i_x = \dfrac{\partial z}{\partial x}$

于是求扭转应力函数 Φ 的问题,可以化为求薄膜垂度 z 的问题,只要使 M 对应于 $2V$,则:

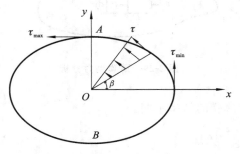

图 2-30 椭圆形截面应力分布

(1) 扭杆的应力函数 Φ 等于薄膜垂度 z。

(2) 扭杆横截面上某一点处的、沿任意方向的剪应力,就等于该薄膜在对应点处的、沿垂直方向的斜率。

(3) 为了确定扭杆横截面上的最大切应力,只需求出薄膜的最大斜率。对应点相同,但最大切应力方向与最大斜率的方向垂直。

据此可以提出问题,图 2-30 所示的椭圆形截面的最大切应力在哪? 方向如何?

假想有一块薄膜张贴在椭圆边界上,受均匀压力,则薄膜的最大斜率将发生在 A 点和 B 点,而方向垂直于边界。根据薄膜比拟,扭杆横截面上最大的切应力也发生在 A 点和 B 点,但方向平行于边界。由 A 点和 B 点的坐标 $(0, \pm b)$,可得:

$$\tau_{max} = \tau_A = \tau_B = \frac{2M}{\pi ab^2} \tag{2-143}$$

2.4.4 矩形截面柱的扭转

1. 狭矩形截面 $(a \gg b)$ 的扭转

如图 2-31 所示的狭矩形,从薄膜比拟来看,应力函数在绝大部分横截面上与 x 无关,因为对应的薄膜几乎不受短边约束的影响,近似于柱面。

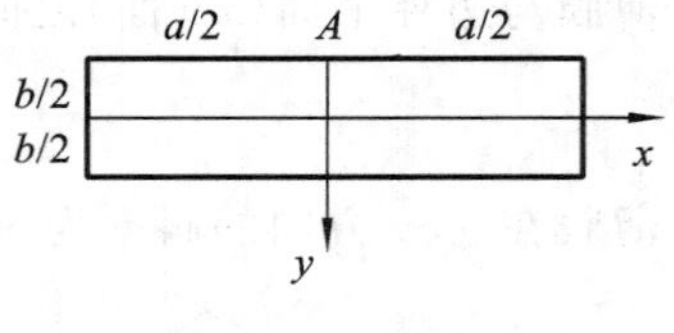

在边界条件中,长边上应严格满足

$$(\Phi)_{y = \pm \frac{b}{2}} = 0 \tag{2-144}$$

而短边是次要的,可忽略。

图 2-31 矩形截面

在方程中,应主要考虑 y 方向的导数,而可忽略 x 方向的导数。$\nabla^2 \Phi = C$ 可简化为

$$\frac{\mathrm{d}^2 \Phi}{\mathrm{d}y^2} = C \tag{2-145}$$

由式(2-144)和式(2-145),可得:

$$\Phi = \frac{C}{2}\left(y^2 - \frac{b^2}{4}\right) \tag{2-146}$$

将式(2-146)代入式(2-147)

$$2\iint_A \Phi \mathrm{d}x\mathrm{d}y = M \tag{2-147}$$

求得：

$$C = -\frac{6M}{ab^3} \tag{2-148}$$

可得：

$$\Phi = \frac{3M}{ab^3}\left(\frac{b^2}{4} - y^2\right) \tag{2-149}$$

所以

$$\tau_{zx} = -\frac{6M}{ab^3}y, \quad \tau_{zy} = 0 \tag{2-150}$$

由薄膜比拟可知,最大切应力发生在矩形截面的长边上,将 $y = -\frac{b}{2}$ 代入,可得：

$$\tau_{\max} = \frac{3M}{ab^2} \tag{2-151}$$

将式(2-148)代入式(2-119),扭角为

$$K = \frac{3M}{ab^3G} \tag{2-152}$$

2. 一般矩形截面杆的扭转

以狭矩形杆解答为基础,经过进一步的分析,可得：

$$\tau_{\max} = \frac{M}{ab^2\beta}, \quad K = \frac{M}{ab^3G\beta_1} \tag{2-153}$$

式中的 β 和 β_1 只与 a/b 的大小有关,数值如表 2-2 所示。

表 2-2　修正因子 β 和 β_1

a/b	β	β_1	a/b	β	β_1
1.0	0.208	0.141	3.0	0.267	0.263
1.2	0.219	0.166	4.0	0.282	0.281
1.5	0.230	0.196	5.0	0.291	0.291
2.0	0.246	0.229	10.0	0.312	0.312
2.5	0.258	0.249	很大	0.333	0.333

3. 薄壁杆件的扭转

(1) 薄壁杆件截面都是由狭长矩形($a \gg b$)组成的。

可以直接引用狭矩形的解答,即

$$\tau_{\max} = \frac{3M}{ab^2}, \quad K = \frac{3M}{ab^3G} \tag{2-154}$$

(2) 从薄膜比拟可见,当狭矩形的 a 和 b 相同时,直线形和曲线形截面的薄膜是相似的,一个弯的狭矩形截面可以用一个同宽同长的直的狭矩形截面代替。

如图 2-32 所示的截面,用 a_i、b_i 分别表示扭杆横截面的第 i 个狭矩形长度和宽度,M_i 表示

图 2-32 薄壁杆件截面

该矩形上承受的扭矩，K 代表扭角，τ_i 表示该矩形长边中点附近的切应力。

各个截面的扭角相同，有

$$K = \frac{3M_i}{a_i b_i^3 G}, \quad \tau_i = \frac{3M_i}{a_i b_i^2} \tag{2-155}$$

总扭矩是各个截面的扭矩之和，即

$$M = \sum M_i = \frac{GK}{3} \sum_i a_i b_i^3 \tag{2-156}$$

可得：

$$\tau_i = \frac{3M b_i}{\sum_i a_i b_i^3}, \quad K = \frac{3M}{G \sum_i a_i b_i^3} \tag{2-157}$$

值得注意的是，由上述公式给出的狭矩形长边中点的剪应力已相当精确，然而由于应力集中的存在，两个狭矩形的连接处可能存在比较大的局部剪应力。

习　　题

（1）相较于材料力学，弹性力学在研究对象和研究方法有什么不同之处？

（2）绘出图 2-33 所示的单元体右面和下面两个面正的应力分量。

（3）列出图 2-34 所示的平面梁的边界条件。

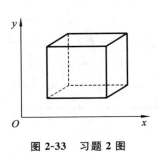

图 2-33 习题 2 图

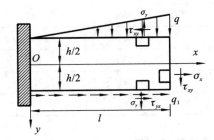

图 2-34 习题 3 图

（4）在图 2-35 所示的左端部小边界上，应用圣维南原理列出 3 个积分形式的应力边界条件。

（5）弹性力学中引用了哪几个基本假定？基本假定在建立弹性力学基本方程时有什么用途？

（6）列出图 2-36 所示的平面梁的边界条件（图中面力为抛物线分布，$b \ll a$）。

（7）有一根高为 a 的等边三角形截面扭杆，坐标如图 2-37 所示。三角形三条边 AB、OA、

OB 的方程分别为:$x-a=0$,$x-\sqrt{3}y=0$,$x+\sqrt{3}y=0$。试证应力函数 $\varphi=m(x-a)(x-\sqrt{3}y)$ $(x+\sqrt{3}y)$ 能满足一切条件,并求出最大剪应力及扭角。

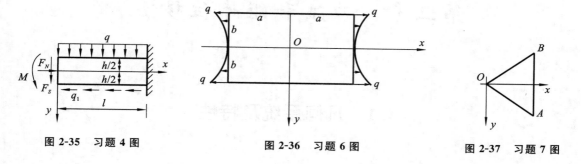

图 2-35 习题 4 图   图 2-36 习题 6 图   图 2-37 习题 7 图

第三章　力法和矩阵位移法

3.1　几何系统及特性

3.1.1　几何系统的概念

承载系统按照其几何形状的可变性,可以分为几何不变系统、几何可变系统及几何瞬变系统。

几何不变系统:承载后各构件虽然产生微小的弹性变形,但几何形状只产生微小变化的系统,如图 3-1 所示。各元件有应力与弹性变形,系统能承受任意形式的载荷。几何不变系统可分为无多余约束的几何不变系统和有多余约束的几何不变系统。无多余约束的几何不变系统称为静定结构,有多余约束的几何不变系统称为超静定结构。

几何可变系统:承载后构件还没有产生弹性变形,其几何形状及位置就发生改变的系统,如图 3-2 所示。几何形状可任意改变,其原因是元件或约束不足。

几何瞬变系统:若原为几何可变系统,经微小位移后转化为几何不变系统,如图 3-3 所示,其原因是元件或约束安排不合理。

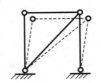
图 3-1　几何不变系统

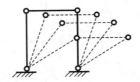
图 3-2　几何可变系统

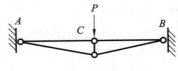
图 3-3　几何瞬变系统

3.1.2　几何特性的判断

为了研究几何系统的几何特性,可将组成系统的元件分为两部分:一部分看作自由体,计算其自由度 N;另一部分看作起约束作用的元件,计算其约束 C。如果系统没有足够的约束去消除系统的自由度,则该系统就无法保持其原有的几何形状。

自由度:确定物体位置所需要的独立坐标数目或物体运动时可独立改变的几何参数数目。如图 3-4 和图 3-5 所示,平面内一点自由度 $N=2$,平面内一刚片自由度 $N=3$。可以推出,平面杆件 $N=3$,空间内的一点 $N=3$,空间刚体 $N=6$,空间内的一根杆 $N=5$。

约束:减少自由度的装置。由于该装置的存在,使得原物体自由度减少了多少,则该装置

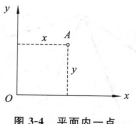

图 3-4　平面内一点

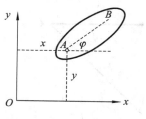

图 3-5　平面内一刚片

的约束就是多少。如图 3-6 所示的平面上任一点 A，原本有两个自由度 x_A、y_A。如果用一根两端带铰的杆把 A 点连接在坐标系原点上，A 点就不能在平面内任意移动，只能在杆端所画的圆周上运动，这时只要一个独立变量 α 就可确定它的位置，即自由度为 1。所以，一根两端带铰的杆具有 1 个约束。同理，一根两端带铰的空间杆也只具有 1 个约束。

如图 3-7 所示，一个平面构件 m 具有 3 个自由度，若用一个平面刚节点连接于坐标系上，则构件 m 自由度为 0。所以，一个平面刚节点具有 3 个约束。同理，一个空间刚节点具有 6 个约束。

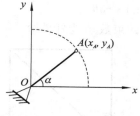

图 3-6　两端带铰的杆

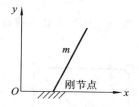

图 3-7　平面刚节点

两个平面自由刚片共有 6 个自由度，单铰连接（见图 3-8）后 $N=4$，所以 1 个单铰约束 $C=2$。复铰为连接两个以上刚片的铰，如图 3-9 所示。1 个连接 m 个刚片的复铰等于 $(m-1)$ 个单铰，其约束 $C=2(m-1)$。

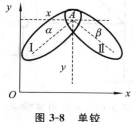

图 3-8　单铰

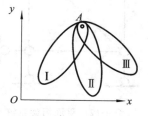

图 3-9　复铰

同理，两个平面自由刚片共有 6 个自由度，单刚节点连接后 $N=3$，所以 1 个单刚约束 $C=3$，如图 3-10 所示。复刚为连接两个以上刚片的刚节点，如图 3-11 所示。连接 m 个杆的复刚节点等于 $(m-1)$ 个单刚节点，其约束 $C=3(m-1)$。

有了自由度和约束的概念，就可以用它来分析系统的几何组成。将组成系统的所有元件分为自由体和约束体，计算所有自由体的自由度数和所有约束体的约束数，通过比较和分析来判断结构的几何特性。哪些元件作为自由体，哪些元件作为约束体，无硬性规定，需灵活运用。

如图 3-12 所示的平面桁架系统，可以将铰节点看作自由体，杆子和支座看作约束体，则平

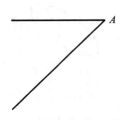

图 3-10　单刚节点

图 3-11　复刚节点

面桁架系统的多余约束数为

$$f = b + r - 2n \tag{3-1}$$

式中：n 为节点数；b 为链杆数（内部约束）；r 为支座约束数（外部约束）。

　　也可以将杆看作自由体，铰节点和支座看作约束体，则平面桁架系统的多余约束数为

$$f = 2n + r - 3b \tag{3-2}$$

　　刚架的节点通常是刚节点，也可以是铰节点或组合节点，如图 3-13 所示。平面刚架系统的多余约束数为

$$f = 3n_1 + 2n_2 + r - 3b \tag{3-3}$$

式中：n_1 为单刚节点数；n_2 为单铰节点数；r 为支座约束数；b 为杆件数。

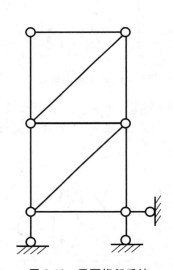

图 3-12　平面桁架系统

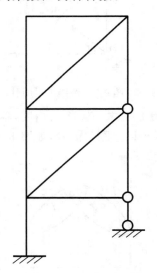

图 3-13　平面刚架系统

　　[例 3-1]　计算图 3-14 所示的平面桁架系统的多余约束数。

　　解　（1）将铰节点当作自由体，杆和支座当作约束体。

（2）该桁架系统包含 4 个铰节点，所以自由度 $N = 2 \times 4 = 8$。

（3）该系统包含 3 根单链杆及 4 个外部约束，所以约束 $C = 3 + 4 = 7$。

（4）故多余约束数为

$$f = C - N = -1$$

$f < 0$，表示系统缺少最小必需的约束，系统是几何可变的。

　　[例 3-2]　计算图 3-15 所示的平面桁架系统的多余约束数。

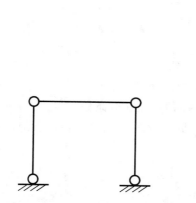

图 3-14　例 3-1 的平面桁架系统　　　图 3-15　例 3-2 的平面桁架系统

解　(1) 将铰节点当作自由体,杆和支座当作约束体。

(2) 系统包含 6 个铰节点,所以自由度 $N=2×6=12$。

(3) 系统包含 9 根单链杆及 3 个外部约束,所以约束 $C=12$。

(4) 故多余约束数为

$$f = C - N = 0$$

$f=0$,且杆件安排合理,为几何不变系统。

若将杆件重新安排,如图 3-16 所示,体系 f 等于多少?是否仍为几何不变系统?

将杆当作自由体,铰节点和支座当作约束体,可得:

$$f = (2×12+3) - 3×9 = 0$$

虽然 $f=0$,但是杆件安排不合理,为几何可变系统。

[例 3-3]　计算图 3-17 所示的平面桁架系统的多余约束数。

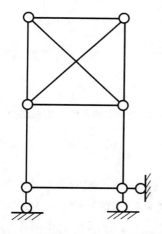

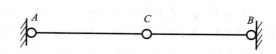

图 3-16　重新布置杆件后的平面桁架系统　　　　　图 3-17　例 3-3 的平面桁架系统

解　将铰节点当作自由体,杆和支座当作约束体,则

$$f = (2+4) - 3×2 = 0$$

已具有限制系统自由度所必需的最小约束数。但因约束安排不合理,在加载瞬间 C 点处缺少竖向约束,几何瞬时可变。

所以,

(1) $f<0$,缺少足够约束,系统几何可变。

(2) $f=0$,具备几何不变系统所必需的最少约束数。

(3) $f>0$,系统具有多余约束数。

(4) $f\geqslant0$ 是保证系统几何不变的必要条件,但不是充分条件。

因此,对于 $f\geqslant0$ 的系统,还需要进一步分析系统的组成规则,看其元件或约束安排是否合理,即检查有无几何可变或几何瞬变部分。

3.1.3　几何系统组成的几个规则

【规则一】　二元体规则:一个平面节点用两根不共线的链杆连接在支座上或一个刚片上,所组成的系统是平面几何不变系统。即平面铰接三角形是一个最简单的平面几何不变系统。

如图 3-18 所示,从支座或一铰接三角形开始,每增加一个节点,用两根不共线的链杆连接在一平面几何不变系统上,所形成的仍是平面几何不变系统。用不共线上的两根链杆连接一个新节点的装置称为二元体。可以得出推论:①在一个体系上增加或拆除二元体,不改变原体系的几何构造性质;②用不在一平面的三根链杆将一个空间节点连接在基础上或一个刚体上,所组成的系统是空间几何不变系统,如图 3-19 所示。

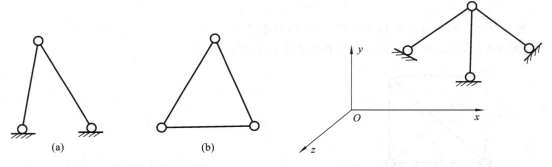

图 3-18　平面几何不变系统　　　　　　图 3-19　空间几何不变系统

【规则二】　二刚片规则:两个刚片用不全交于一点也不全平行的三根链杆连接,所组成的系统是平面几何不变系统。

两个刚片用一铰和一根链杆连接,且链杆的轴线不通过铰链,则形成具有最少必需约束的几何不变系统,如图 3-20 所示。若将刚片用两根不平行的链杆连接在基础上,如图 3-21(a)所示,此时刚片将绕 ab 和 cd 两杆延长线的交点 O 转动,这就相当于将刚片Ⅰ和刚片Ⅱ在 O 点用铰相连一样,且这个交点的位置随着链杆的转动是变动的,也称瞬时转动中心。即连接相同两个刚片的两根相交链杆的作用,相当于在其交点处的一个单铰,这种铰称为虚铰(瞬铰)。为了制止刚片的运动,还需再加一根链杆,如果这链杆的延长线不通过 O 点,它就能阻止刚片的运动,这时所组成的系统是平面几何不变系统,如图 3-21(b)所示。即两个刚片用三根不全平行也不交于同一点的链杆相连,组成无多余约束的几何不变系统。

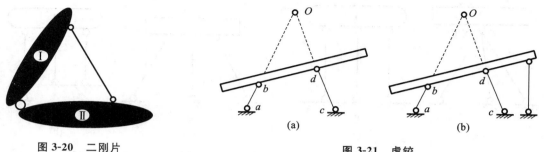

图 3-20 二刚片　　　　　　　　图 3-21 虚铰

【规则三】 三刚片规则:三个刚片两两之间用一铰链连接,三个铰链不在一直线上,所组成的系统是平面几何不变系统。

如图 3-22(a)所示,刚片 Ⅰ、Ⅱ 和 Ⅲ 用 A、B、C 三个铰两两相连,由于三个铰不在一直线上,则 AB、BC 和 CA 三直线便形成一个三角形。由几何学可知,所组成的三角形是唯一的,也就是说三个刚片之间无相对运动。因此,这样组成的系统是几何不变系统。

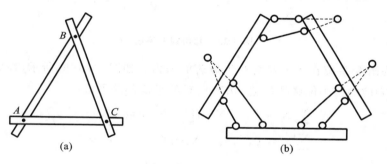

图 3-22 三刚片

如图 3-22(b)所示,由于两根链杆的作用相当一个单铰,故可将 A、B、C 三个铰化为分别由两根链杆所构成的虚铰,若此三个虚铰不在一直线上,所构成的系统也是几何不变系统。

【规则四】 瞬变系统的判断。

如图 3-23(a)所示,刚片用三根链杆与基础相连,三根链杆交于刚片上点 O 的铰链,刚片可绕 O 点转动。如图 3-23(b)所示,刚片用三根平行且等长的链杆与基础相连,刚片可以移动,显然,这样的系统都是几何可变系统。如图 3-24(a)所示,刚片与基础之间用三根延长线交于一点 O 的链杆相连,此时刚片可绕 O 点有微小运动,但在发生微小运动后,三根杆就不再交于一点,刚片不再运动而成为不变系统,这种可变系统发生微小位移后即成为不变系统,称为瞬时可变系统或瞬变系统。又如图 3-24(b)所示,刚片 Ⅰ 用互相平行但不等长的三根链杆与刚片 Ⅱ(或基础)相连,刚片 Ⅰ 有微小的水平位移后,三杆不再平行,故这种系统也是瞬变系统。

图 3-25(a)所示的杆 AC(刚片 Ⅰ)、杆 CB(刚片 Ⅱ)及基础(刚片 Ⅲ)两两相连,三铰 A、B、C 在一直线上。此时 C 点位于以 AC、BC 为半径的两圆弧的公切线上,故在这一瞬时,C 点可沿此公切线作微小的移动,但在发生微小位移后,三铰就不再位于一直线上了,因此这种系统也是瞬变系统。

虽然瞬变系统只在某一瞬时产生微小位移,随即成为几何不变的,但是,进一步考察其受

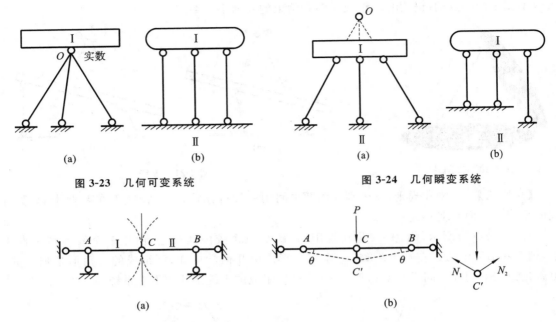

图 3-23　几何可变系统　　　　　　　　　　图 3-24　几何瞬变系统

图 3-25　几何瞬变系统

力情况,可发现瞬变系统在受力时会产生显著的内力。如图 3-25(b)所示,在力 P 作用下,C 点发生一垂直方向的微小位移到 C' 点,由节点 C 的平衡条件可得:

$$\sum X = 0, \ -N_1\cos\theta + N_2\cos\theta = 0 \tag{3-4}$$
$$\sum Y = 0, \ -P + N_1\sin\theta + N_2\sin\theta = 0$$

解得

$$N_1 = N_2 = N, \quad N = \frac{P}{2\sin\theta}$$

因为 θ 为一很小的量,所以杆件 AC 和 BC 内将产生相当大的内力,从而导致系统的破坏。

3.1.4　超静定结构的概念

工程上用来承受和传递载荷的结构必须是几何不变系统,而结构又分为无多余约束的静定结构和具有多余约束的静不定(或称超静定)结构。

系统的约束数 C 与总自由度数 N 相等的系统,称为具有最少必需约束的几何不变系统,这种结构是静定结构。系统的约束数 C 多于总自由度数 N 的系统,称为具有多余约束的几何不变系统,这种结构是超静定结构,其多余约束数称为超静定次数。

在结构分析求解系统内力时,一个约束表示有一个未知内力(或反力),一个自由度表示可列出一个独立的平衡方程式。因此,对于 $C-N=0$ 的几何不变系统,其可列出的独立平衡方程式数正好等于系统的未知内力数,即只用平衡方程就可以求得系统的全部内力,而且解是唯一的。对于 $C-N>0$ 的几何不变系统,其可列出的独立平衡方程式数少于系统的未知内力数,因而只用平衡方程式无法求得系统的全部内力,还必须补充变形协调方程才能求解。

图 3-26 所示的为外部一次超静定结构,图 3-27 所示的为内部一次超静定结构,其 $f=C-N>0$。

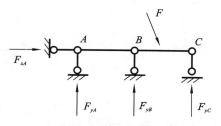

图 3-26　外部一次超静定结构

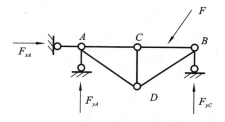

图 3-27　内部一次超静定结构

思考:多余约束是多余的吗?从几何角度与结构的受力特性和使用要求两方面讨论。对比图 3-28 中的静定简支梁和一次超静定简支梁。对于保持空间几何位置不变,超静定简支梁相对于静定简支梁出现了"多余"的约束,但根据材料力学可以绘制其弯矩图,如图 3-29 所示。可以看出该"多余"的约束使得弯矩最大值减小,且弯矩分布更为均匀,使得简支梁抵抗破坏的能力增强。所以工程中往往多采用超静定结构。

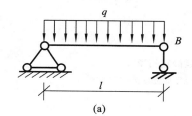

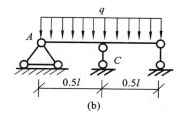

图 3-28　均布载荷简支梁

(a)静定简支梁;(b)超静定简支梁

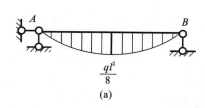

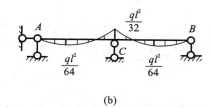

图 3-29　简支梁弯矩分布

(a)静定简支梁;(b)超静定简支梁

对图 3-30(a)所示的一次超静定桁架结构进行求解。

(1) **方法 1**　如图 3-30(b)所示,采用节点法研究 1 点的平衡,再由对称性,有

$$N_{12} + 2N_{13}\cos\alpha = P \tag{3-5}$$

假设 1 点的位移为 v_1,则 12 杆和 13 杆的变形为

$$\Delta_{12} = v_1, \quad \Delta_{13} = v_1\cos\alpha \tag{3-6}$$

由变形位移协调关系图(见图 3-30(c)),有

$$\Delta_{13} - \Delta_{12}\cos\alpha = 0 \tag{3-7}$$

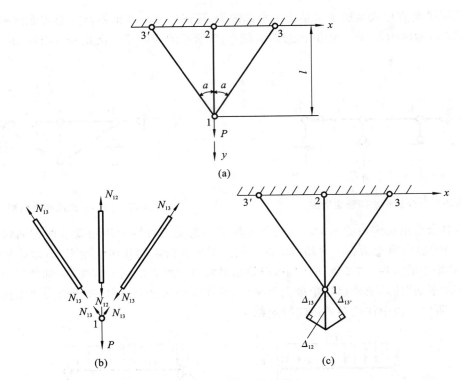

图 3-30　一次超静定桁架

(a)结构图;(b)节点平衡;(c)变形位移协调关系图

杆的物理方程为

$$N_{12} = \frac{EA}{l}\Delta_{12}, \quad N_{13} = \frac{EA\cos\alpha}{l}\Delta_{13} \tag{3-8}$$

变形后,

$$\Delta_{12} = \frac{l}{EA}N_{12}, \quad \Delta_{13} = \frac{l}{EA\cos\alpha}N_{13} \tag{3-9}$$

将式(3-9)代入式(3-7),可得:

$$\frac{l}{EA\cos\alpha}N_{13} - \frac{l\cos\alpha}{EA}N_{12} = 0 \tag{3-10}$$

该方程表示的是力之间的关系,称为力的补充方程。

联立式(3-10)与式(3-5),可得:

$$N_{12} = \frac{P}{1+2\cos^3\alpha}, \quad N_{13} = \frac{P\cos^2\alpha}{1+2\cos^3\alpha} \tag{3-11}$$

(2) **方法 2**　将式(3-6)代入式(3-8),可得:

$$N_{12} = \frac{EA}{l}v_1, \quad N_{13} = \frac{EA}{l}\cos^2\alpha \cdot v_1 \tag{3-12}$$

将式(3-12)代入式(3-5),可得:

$$\frac{EA}{l}v_1 + 2\frac{EA}{l}\cos^3\alpha \cdot v_1 = P \tag{3-13}$$

可以求出

$$v_1 = \frac{Pl}{EA(1 + 2\cos^3\alpha)} \tag{3-14}$$

将式(3-14)代入式(3-12)，进而得到与方法 1 相同的内力计算结果。

两种方法的区别是方法 1 采用了力作为未知数，而方法 2 采用了节点位移作为未知数。方法 1 称为力法解超静定问题，方法 2 称为位移法解超静定问题。若 1 和 2 节点之间连接的杆件为 100 根，思考采用哪种方法效果更好？

在分析超静定结构时，力法与位移法的主要区别是它们所选取的基本未知量不同。力法是以结构中的多余未知力为基本未知量，求出多余未知力后，再据此算得其他未知内力和位移。而位移法是取节点位移为基本未知量，根据求得的节点位移再算得结构的未知内力。力法解题思路简捷、直观，传力路线清晰，适用于分析简单超静定问题，但对于较高阶超静定次数的复杂结构，该力法则显得无从下手。而位移法的未知量个数与超静定次数无关，且位移法中诸如单元刚度矩阵的建立、结构刚度矩阵的形成、总刚度方程的求解以及杆内力计算等都是很有规则的，便于在计算机上实现自动化计算，使得其对超静定大型结构的力学分析比力法计算更为可行。

下面两节分别讨论采用力法和矩阵位移法求解超静定问题。

3.2　力法正则方程

3.2.1　力法基本思路

首先回顾材料力学中关于超静定梁的求解。对于图 3-31 所示的一次超静定梁，

（1）首先去掉多余约束，代之以多余未知力 X_1，将原结构转化为一个在已知外载荷 q 和未知力 X_1 共同作用下的静定结构（基本体系），如图 3-32 所示。

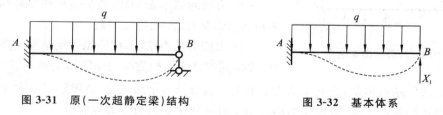

图 3-31　原（一次超静定梁）结构　　　　图 3-32　基本体系

（2）沿多余未知力方向建立位移协调方程，解方程就可以求出多余未知力 X_1。

位移协调条件：基本结构在原有载荷 q 和多余力 X_1 共同作用下，在去掉多余约束处的位移应与原结构相应的位移相等。

原结构的 B 是刚性支座，该点的竖向位移是零，即原结构在 X_1 方向上的位移为

$$\Delta_1 = 0 \tag{3-15}$$

在外载荷作用下 B 点产生向下的位移为 Δ_{1P}，未知力的作用将使 B 点产生向上的位移为 Δ_{1X}。要使体系的受力情况与原结构的一样，必须使 B 点的位移也与原结构的一样，要求位移协调条件

$$\Delta_1 = \Delta_{1x} + \Delta_{1P} = 0 \tag{3-16}$$

式中：Δ_{1P} 为基本结构由载荷引起的竖向位移；Δ_{1x} 为基本结构由未知力引起的竖向位移，且 $\Delta_{1x} = \delta_{11}X_1$，$\delta_{11}$ 为 $X_1 = 1$ 时在 X_1 方向产生的位移。

式（3-16）称为力法正则方程。

采用图乘法（见图 3-33），可得：

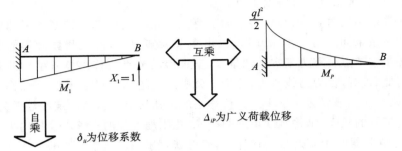

图 3-33　图乘法

$$\begin{cases} \delta_{11} = \int \dfrac{\overline{M_1}\,\overline{M_1}}{EI}\mathrm{d}x = \dfrac{1}{EI}\left(\dfrac{1}{2}\times l\times l\times \dfrac{2}{3}l\right) = \dfrac{1}{3EI}l^3 \\[3mm] \Delta_{1P} = \int \dfrac{\overline{M_1}M_P}{EI}\mathrm{d}x = -\dfrac{1}{EI}\left(\dfrac{1}{3}\times \dfrac{1}{2}ql^2\times l\times \dfrac{3}{4}l\right) = -\dfrac{ql^4}{8EI} \end{cases} \tag{3-17}$$

将 δ_{11}、Δ_{1P} 代入力法正则方程，解得：

$$X_1 = -\frac{\Delta_{1P}}{\delta_{11}} = \frac{3}{8}ql$$

（3）将求出的多余未知力作用于基本结构，用叠加法即可求出超静定结构的内力。

$$M = X_1\overline{M_1} + M_P \tag{3-18}$$

超静定梁弯矩图如图 3-34 所示。

几个基本概念如下。

（1）力法的基本未知数：超静定结构多余约束产生的未知约束力数目，即超静定次数。

（2）力法的基本结构：把原超静定结构的多余约束去掉，所得到的静定结构就称为原结构的基本结构。

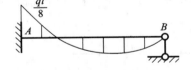

图 3-34　超静定梁弯矩图

（3）力法的基本体系：在基本结构上加上外载荷及多余约束力，就得到了基本体系。

（4）力法的基本方程：根据原结构已知变形条件建立的力法方程。

3.2.2　超静定刚架求解

超静定刚架如图 3-35 所示，载荷是作用在刚节点 C 上的集中力偶，力偶矩为 M。

（1）力法基本未知量为 X_1 与 X_2。

（2）位移协调条件：基本结构在原有载荷 M 和未知力 X_1、X_2 共同作用下，如图 3-36 所示，位移应与原结构相应的位移相等。

基本体系在 X_1 方向的位移为零，即 $\Delta_1 = 0$；基本体系在 X_2 方向的位移为零，即 $\Delta_2 = 0$，则

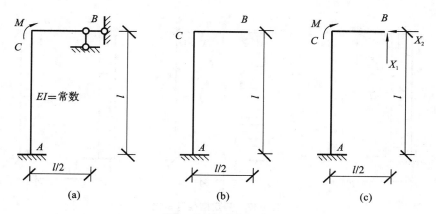

图 3-35　超静定刚架

（a）原结构；（b）基本结构；（c）基本体系

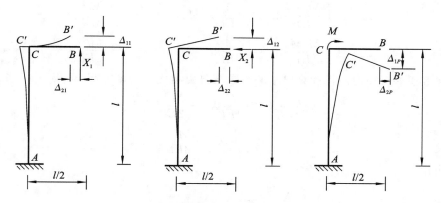

图 3-36　超静定刚架变形示意图

$$\begin{cases} \Delta_1 = \Delta_{11} + \Delta_{12} + \Delta_{1P} = 0 \\ \Delta_2 = \Delta_{21} + \Delta_{22} + \Delta_{2P} = 0 \end{cases} \tag{3-19}$$

式中：$\Delta_{11} = \delta_{11} X_1$；$\Delta_{21} = \delta_{21} X_1$；$\Delta_{12} = \delta_{12} X_2$；$\Delta_{22} = \delta_{22} X_2$。

柔度系数 δ_{ij} 的物理意义：表示在单位未知力 $X_j = 1$ 作用下，引起基本体系中 X_i 的作用点沿 X_i 方向的位移。

Δ_{iP} 称为自由项，表示外载荷作用下引起基本体系中 X_i 作用点沿 X_i 方向的位移。

将柔度系数和自由项代入式（3-19），得两次超静定的力法正则方程：

$$\begin{cases} \delta_{11} X_1 + \delta_{12} X_2 + \Delta_{1P} = 0 \\ \delta_{21} X_1 + \delta_{22} X_2 + \Delta_{2P} = 0 \end{cases} \tag{3-20}$$

（3）计算柔度系数与自由项，需分别作出基本结构在单位力与外载荷单独作用下的弯矩图（见图 3-37），采用莫尔积分或图乘法。

$$\delta_{11} = \int \frac{\overline{M}_1^2}{EI} \mathrm{d}x = \frac{1}{EI}\left[\frac{1}{2} \times \frac{l}{2} \times \frac{l}{2} \times \left(\frac{2}{3} \times \frac{l}{2} \right) + l \times \frac{l}{2} \times \frac{l}{2} \right] = \frac{7l^3}{24EI}$$

$$\delta_{22} = \int \frac{\overline{M}_2^2}{EI} \mathrm{d}x = \frac{1}{EI} \times \frac{1}{2} \times l \times l \times \frac{2}{3} \times l = \frac{l^3}{3EI}$$

$$\delta_{12} = \int \frac{\overline{M}_1 \overline{M}_2}{EI} \mathrm{d}x = \frac{1}{EI} \times \frac{1}{2} \times l \times l \times \frac{l}{2} = \frac{l^3}{4EI}$$

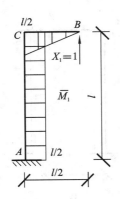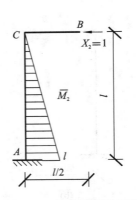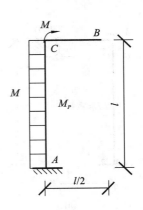

图 3-37 静定刚架弯矩图

$$\delta_{21} = \delta_{12}$$

$$\Delta_{1p} = \int \frac{\overline{M}_1 M_P}{EI} \mathrm{d}x = -\frac{1}{EI} \times M \times l \times \frac{l}{2} = -\frac{Ml^2}{2EI}$$

$$\Delta_{2p} = \int \frac{\overline{M}_2 M_P}{EI} \mathrm{d}x = -\frac{1}{EI} \times M \times l \times \frac{l}{2} = -\frac{Ml^2}{2EI}$$

（4）求出基本未知力。将计算出来的系数与自由项代入正则方程，可得：

$$\begin{cases} \dfrac{7l^3}{24EI}X_1 + \dfrac{l^3}{4EI}X_2 - \dfrac{Ml^2}{2EI} = 0 \\[3mm] \dfrac{l^3}{4EI}X_1 + \dfrac{l^3}{3EI}X_2 - \dfrac{Ml^2}{2EI} = 0 \end{cases}$$

可以求出

$$X_1 = \frac{6M}{5l}, \quad X_2 = \frac{3M}{5l}$$

求得的 X_1、X_2 为正，表明与原假定的方向一致。

超静定刚架弯矩图（$M = \overline{M}_1 X_1 + \overline{M}_2 X_2 + M_P$）如图 3-38 所示，把弯矩图画在杆件的受拉纤维一侧。

对于 n 次超静定结构，力法正则方程为

$$\begin{cases} \delta_{11} X_1 + \delta_{12} X_2 + \cdots + \delta_{1n} X_n + \Delta_{1P} = 0 \\ \delta_{21} X_1 + \delta_{22} X_2 + \cdots + \delta_{1n} X_n + \Delta_{2P} = 0 \\ \qquad\qquad\qquad\qquad\qquad\qquad\vdots \\ \delta_{n1} X_1 + \delta_{n2} X_2 + \cdots + \delta_{nn} X_n + \Delta_{nP} = 0 \end{cases} \tag{3-21}$$

由力法正则方程解出 n 个基本未知数 $X_1, X_2, \cdots, X_n$ 后，就已将超静定问题转化成静定问题了。

图 3-38 超静定刚架弯矩图

通常用叠加原理计算弯矩，即

$$M = \overline{M}_1 X_1 + \overline{M}_2 X_2 + \cdots + \overline{M}_n X_n + M_P \tag{3-22}$$

所以采用力法解超静定问题的基本步骤如下：

（1）确定结构的超静定次数，选取适当的约束作为多余约束并加以解除，代之以多余约束的约束反力，即基本未知数，可得基本体系。

（2）列力法正则方程式（见式（3-21））。

（3）计算系数与自由项。分别画出基本体系在单位力和载荷作用下的弯矩图。等直杆用图乘法计算，曲杆则列出弯矩方程用积分公式计算。

（4）将计算出来的系数与自由项代入典型方程。解此方程，求出基本未知力。

（5）在基本体系上计算各杆端内力，并据此作出基本体系的内力图，也就是原结构的内力图。

3.3　矩阵位移法

以节点位移（广义位移）作为基本未知量，首先写出由未知位移表示的应变，然后由物理方程写出仍由未知位移表示的应力表达式，最后由平衡条件解出所有的未知位移，这就是位移法的基本思路。

在计算机科学飞速发展的今天，适合于计算机应用的"有限元法"正在逐步取代其他方法而成为飞行器结构分析方法的主流，并已发展为一门独立的新兴学科。本章所讨论的位移法，是以矩阵运算作为数学工具来处理结构位移计算的，故也称为矩阵位移法，它是有限元素法的基础。

矩阵位移法主要内容包括两个部分：

（1）单元分析，即将结构分解为有限个较小的单元，进行所谓离散化。对于杆系结构，一般以一根杆件或杆件的一段作为一个单元，分析单元的内力与位移之间的关系，建立单元刚度矩阵。

（2）整体分析，即将各单元又集合成原来的结构，要求各单元满足原结构的变形协调条件和平衡条件，从而建立整个结构的刚度方程，以求解原结构的位移和内力。

在杆系结构中，若单元只受轴力作用，则称为杆元素，如桁架系统；若单元不仅受轴力，还受剪力和弯矩作用，则称为梁元素，如梁、刚架系统等。由于杆元素和梁元素是最简单的元素，对这两个元素的分析，既有鲜明的物理意义，又能反映位移法的实质。所以，本节主要对杆元素和梁元素进行分析，并用于桁架和梁的位移法求解。

3.3.1　单个弹簧的刚度矩阵

如图 3-39 所示的刚度为 k 的弹簧，轴线沿 x 方向，在其节点 1 和 2 上承受外力 $F_{x,1}$ 和 $F_{x,2}$，节点位移分别为 u_1 和 u_2。

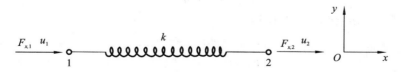

图 3-39　单个弹簧节点载荷与位移

首先，假设 $u_1 \neq 0$，$u_2 = 0$，可得：

$$\begin{cases} F_{x,1} = ku_1 \\ F_{x,2} = -F_{x,1} = -ku_1 \end{cases} \tag{3-23}$$

其次，假设 $u_2 \neq 0, u_1 = 0$，可得：

$$F_{x,2} = ku_2 = -F_{x,1} \tag{3-24}$$

当 $u_1 \neq 0, u_2 \neq 0$ 时，

$$\begin{cases} F_{x,1} = ku_1 - ku_2 \\ F_{x,2} = -ku_1 + ku_2 \end{cases} \tag{3-25}$$

可写成矩阵的形式：

$$\begin{bmatrix} F_{x,1} \\ F_{x,2} \end{bmatrix} = \begin{bmatrix} k & -k \\ -k & k \end{bmatrix} \begin{bmatrix} u_1 \\ u_2 \end{bmatrix} \tag{3-26}$$

所以，单个弹簧的刚度矩阵为

$$[K] = \begin{bmatrix} k & -k \\ -k & k \end{bmatrix} \tag{3-27}$$

刚度矩阵的作用是将节点载荷和节点位移联系了起来。

3.3.2 串联弹簧的刚度矩阵

两个弹簧串联系统如图 3-40 所示。3 个节点上的外力分别为 $F_{x,1}$、$F_{x,2}$、$F_{x,3}$，节点位移分别为 u_1、u_2、u_3。

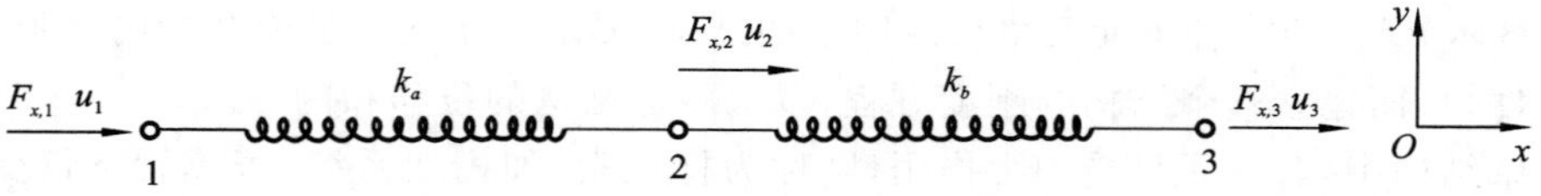

图 3-40　两个串联弹簧的节点载荷与位移

首先，假设 $u_1 \neq 0, u_2 = u_3 = 0$，可得：

$$\begin{cases} F_{x,1} = k_a u_1 = -F_{x,2} \\ F_{x,3} = 0 \end{cases} \tag{3-28}$$

其次，假设 $u_1 = u_3 = 0, u_2 \neq 0$，可得：

$$\begin{cases} F_{x,2} = (k_a + k_b)u_2 \\ F_{x,1} = -k_a u_2 \\ F_{x,3} = -k_b u_2 \end{cases} \tag{3-29}$$

最后，假设 $u_1 = u_2 = 0, u_3 \neq 0$，可得：

$$\begin{cases} F_{x,3} = k_b u_3 = -F_{x,2} \\ F_{x,1} = 0 \end{cases} \tag{3-30}$$

对于条件 $u_1 \neq 0, u_2 \neq 0, u_3 \neq 0$，可得：

$$\begin{cases} F_{x,1} = k_a u_1 - k_a u_2 \\ F_{x,2} = -k_a u_1 + (k_a + k_b)u_2 - k_b u_3 \\ F_{x,3} = -k_b u_2 + k_b u_3 \end{cases} \tag{3-31}$$

可写成矩阵的形式：

$$\begin{bmatrix} F_{x,1} \\ F_{x,2} \\ F_{x,3} \end{bmatrix} = \begin{bmatrix} k_a & -k_a & 0 \\ -k_a & k_a+k_b & -k_b \\ 0 & -k_b & k_b \end{bmatrix} \begin{bmatrix} u_1 \\ u_2 \\ u_3 \end{bmatrix} \tag{3-32}$$

两个串联弹簧的总体刚度矩阵为

$$[K] = \begin{bmatrix} k_a & -k_a & 0 \\ -k_a & k_a+k_b & -k_b \\ 0 & -k_b & k_b \end{bmatrix} \tag{3-33}$$

总体刚度矩阵又可写为

$$[K] = \begin{bmatrix} k_{11} & k_{12} & k_{13} \\ k_{21} & k_{22} & k_{23} \\ k_{31} & k_{32} & k_{33} \end{bmatrix} \tag{3-34}$$

由单个弹簧的刚度矩阵，可知弹簧 1 的刚度矩阵为

$$[K_{12}] = \begin{bmatrix} k_{11} & k_{12} \\ k_{21} & k_{22} \end{bmatrix} \tag{3-35}$$

弹簧 2 的刚度矩阵为

$$[K_{23}] = \begin{bmatrix} k_{22} & k_{23} \\ k_{32} & k_{33} \end{bmatrix} \tag{3-36}$$

弹簧 1 和 2 的刚度矩阵又可写为

$$[K_{12}] = \begin{bmatrix} k_a & -k_a \\ -k_a & k_a \end{bmatrix}, \quad [K_{23}] = \begin{bmatrix} k_b & -k_b \\ -k_b & k_b \end{bmatrix} \tag{3-37}$$

由串联弹簧总体刚度矩阵和单个弹簧的刚度矩阵可知，直接由弹簧 1 和 2 的刚度矩阵进行"组装"形成总体刚度矩阵。主对角元素 k_{ii} 为在节点 i 相交的所有元素的刚度之和，如两个弹簧对串联弹簧总体刚度矩阵中的 k_{22} 项（关联了节点 2 的力与节点 2 的位移）都有贡献。非主对角元素 k_{ij} 为连接节点 i 和节点 j 的单元刚度之和，如节点 2 与节点 1 和节点 3 都连接，而节点 1 和节点 3 不连接（不受彼此位移的影响），所以串联弹簧总体刚度矩阵中的 k_{13} 和 k_{31} 为 0，k_{12} 和 k_{23} 不为 0。

经过分析，可知总体刚度矩阵 $[K]$ 行列式为 0，逆矩阵不存在，意味着未知节点位移不可解。

若节点 1 固定，节点 2 和 3 为已知外载荷，将 1 点位移条件代入式（3-32），可得：

$$\begin{bmatrix} F_{x,1} \\ F_{x,2} \\ F_{x,3} \end{bmatrix} = \begin{bmatrix} k_a & -k_a & 0 \\ -k_a & k_a+k_b & -k_b \\ 0 & -k_b & k_b \end{bmatrix} \begin{bmatrix} u_1=0 \\ u_2 \\ u_3 \end{bmatrix} \tag{3-38}$$

即

$$[F_{x,1}] = [-k_a \quad 0] \begin{bmatrix} u_2 \\ u_3 \end{bmatrix}, \quad \begin{bmatrix} F_{x,2} \\ F_{x,3} \end{bmatrix} = \begin{bmatrix} k_a+k_b & -k_b \\ -k_b & k_b \end{bmatrix} \begin{bmatrix} u_2 \\ u_3 \end{bmatrix} \tag{3-39}$$

进而

$$\begin{bmatrix} u_2 \\ u_3 \end{bmatrix} = \begin{bmatrix} k_a + k_b & -k_b \\ -k_b & k_b \end{bmatrix}^{-1} \begin{bmatrix} F_{x,2} \\ F_{x,3} \end{bmatrix} \tag{3-40}$$

即

$$\begin{bmatrix} u_2 \\ u_3 \end{bmatrix} = \begin{bmatrix} 1/k_a & 1/k_a \\ 1/k_a & 1/k_b + 1/k_a \end{bmatrix} \begin{bmatrix} F_{x,2} \\ F_{x,3} \end{bmatrix} \tag{3-41}$$

可求出

$$[F_{x,1}] = [-k_a \quad 0] \begin{bmatrix} 1/k_a & 1/k_a \\ 1/k_a & 1/k_b + 1/k_a \end{bmatrix} \begin{bmatrix} F_{x,2} \\ F_{x,3} \end{bmatrix} \tag{3-42}$$

即

$$F_{x,1} = -F_{x,2} - F_{x,3} \tag{3-43}$$

弹簧的内力可以通过每个弹簧的载荷-位移关系求解确定。

$$\begin{cases} N_a = k_a (u_2 - u_1) \\ N_b = k_b (u_3 - u_2) \end{cases} \tag{3-44}$$

3.3.3 杆元素的刚度矩阵

1. 刚度矩阵推导方法 1(弹簧法)

平面桁架各杆只承受轴力,载荷变形关系为

$$F = \frac{AE}{L} \delta \tag{3-45}$$

从物理意义上讲,杆就是一个弹簧,所以与单个弹簧刚度矩阵一致,杆元素的刚度矩阵为

$$[K] = \begin{bmatrix} AE/L & -AE/L \\ -AE/L & AE/L \end{bmatrix} \tag{3-46}$$

即

$$[K] = \frac{AE}{L} \begin{bmatrix} 1 & -1 \\ -1 & 1 \end{bmatrix} \tag{3-47}$$

杆轴线为 x 轴,两节点为 i 和 j,节点力为 $F_{x,i}$ 和 $F_{x,j}$,节点位移为 u_i 和 u_j,有

$$\begin{bmatrix} F_{x,i} \\ F_{x,j} \end{bmatrix} = \frac{AE}{L} \begin{bmatrix} 1 & -1 \\ -1 & 1 \end{bmatrix} \begin{bmatrix} u_i \\ u_j \end{bmatrix} \tag{3-48}$$

2. 刚度矩阵推导方法 2(有限元法)

将杆元素的其他物理量(如元素内位移、应变、应力、节点力等)用节点位移表示。

1) 元素内位移

元素内各点的位移称为内位移。如图 3-41 所示,杆元素的内位移可用节点位移通过线性插值得到:

$$u(x) = \left(1 - \frac{x}{L_{ij}}\right) u_i + \frac{x}{L_{ij}} u_j = \begin{bmatrix} 1 - \dfrac{x}{L_{ij}} & \dfrac{x}{L_{ij}} \end{bmatrix} \begin{bmatrix} u_i \\ u_j \end{bmatrix}$$

$$= \begin{bmatrix} N_i(x) & N_j(x) \end{bmatrix} \begin{bmatrix} u_i \\ u_j \end{bmatrix} = [N(x)] \begin{bmatrix} u_i \\ u_j \end{bmatrix} = [N(x)]\{\delta\}^e \tag{3-49}$$

式中：$N_i(x)$、$N_j(x)$称为位移形状函数；$[N(x)]$称为元素的位移形状函数矩阵。

对于杆元素，其位移形状函数具有如图 3-42 所示的形状。

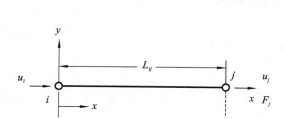

图 3-41　杆元素的节点载荷与位移

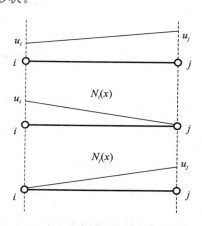

图 3-42　位移形状函数的形状

2）变形协调条件与几何矩阵

利用变形协调条件，求杆元素应变，并用节点位移表示：

$$\{\varepsilon\} = \{\varepsilon_x\} = \frac{\mathrm{d}u(x)}{\mathrm{d}x} = \frac{\mathrm{d}}{\mathrm{d}x}[N]\{\delta\}^e = \frac{\mathrm{d}}{\mathrm{d}x}[N_1 \quad N_2]\{\delta\}^e = \left[-\frac{1}{L_{ij}} \quad \frac{1}{L_{ij}}\right]\{\delta\}^e = [B]\{\delta\}^e$$

$$(3-50)$$

式中：$[B]$称为元素的几何矩阵。

3）物理关系与应力矩阵

材料的应力-应变关系（物理方程）式为

$$\sigma = E\varepsilon$$

用矩阵表示为

$$\{\sigma\} = [D]\{\varepsilon\}$$

对于杆元素，应力可以用节点位移表示为

$$\{\sigma\} = [D]\{\varepsilon\} = [D][B]\{\delta\}^e = \frac{E}{L_{ij}}[-1 \quad 1]\{\delta\}^e = [S]\{\delta\}^e \qquad (3-51)$$

式中：$[S]$称为元素的应力矩阵；$[D]$为元素弹性矩阵。

4）杆元素轴力 N

对于等面积 A 的杆元素，其轴力用节点位移表示为

$$N = \sigma A = \frac{EA}{L_{ij}}[-1 \quad 1]\{\delta\}^e \qquad (3-52)$$

5）平衡条件与刚度矩阵

如图 3-43 所示，作用在杆元素上的节点力与杆轴力，应满足平衡条件：

$$\begin{cases} F_i + N = 0 \\ F_j - N = 0 \end{cases} \qquad (3-53)$$

可得：

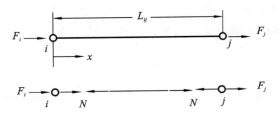

图 3-43　节点平衡分析

$$\{F\}^e = \begin{bmatrix} F_i \\ F_j \end{bmatrix} = \begin{bmatrix} -1 \\ 1 \end{bmatrix} N \tag{3-54}$$

则

$$\{F\}^e = \begin{bmatrix} -1 \\ 1 \end{bmatrix} \frac{EA}{L_{ij}} \begin{bmatrix} -1 & 1 \end{bmatrix} \{\delta\}^e = \frac{EA}{L_{ij}} \begin{bmatrix} 1 & -1 \\ -1 & 1 \end{bmatrix} \{\delta\}^e = [K]^e \{\delta\}^e \tag{3-55}$$

式(3-55)就是位移法中杆元素的平衡方程,也称为刚度方程。它表示元素节点力与节点位移之间的关系式,即

$$\boldsymbol{F}^e = \boldsymbol{K}^e \cdot \boldsymbol{\delta}^e \tag{3-56}$$

其中,

$$\boldsymbol{K}^e = [K]^e = \frac{EA}{L_{ij}} \begin{bmatrix} 1 & -1 \\ -1 & 1 \end{bmatrix} = \begin{bmatrix} k_{ii} & k_{ij} \\ k_{ji} & k_{jj} \end{bmatrix} \tag{3-57}$$

称为杆元素在局部坐标系中的刚度矩阵,展开得

$$\begin{cases} F_i = k_{ii} u_i + k_{ij} u_j \\ F_j = k_{ji} u_i + k_{jj} u_j \end{cases} \tag{3-58}$$

可知刚度矩阵各元素的物理意义:

(1) 节点位移 $u_i = 1, u_j = 0$ 时,在 i 节点上施加的力(k_{ii})和 j 节点上施加的力(k_{ji});

(2) 节点位移 $u_i = 0, u_j = 1$ 时,在 i 节点上施加的力(k_{ij})和 j 节点上施加的力(k_{jj});

(3) 单元刚度矩阵的每一列相当于一组特定位移下的节点力。

根据元素平衡条件,必定有

$$\begin{cases} k_{ii} + k_{ji} = 0 \\ k_{ij} + k_{jj} = 0 \end{cases} \tag{3-59}$$

由于节点位移都可以有值,所以元素是可移动的,节点位移列阵中包含有刚体运动,用节点位移表示的平衡方程是奇异的,刚度矩阵$[K]^e$的行列式等于零。这就意味着在去除刚体运动自由度之前,平衡方程不能直接用来求解位移。

3. 杆元素刚度矩阵的坐标变换

由于结构是由许多不同元素组成的,而各个元素的局部坐标系又是不完全相同的,用位移法求解节点位移时,必须规定统一的坐标系,各节点位移的矢量必须按统一的坐标系来定义,便于建立全结构的平衡方程。因此,由各个元素局部坐标系定义的元素节点位移和元素刚度矩阵必须向一个统一的坐标系转换,该统一坐标系称为"总体坐标系"。

考察图 3-44 所示的平面桁架的情况,将 x、y 坐标系定义为总体坐标系,而将 $\bar{x}$、$\bar{y}$ 坐标系定义为杆元素局部坐标系,总体坐标系与局部坐标系之间的夹角为 θ(以逆时针方向为正),如

图 3-45 所示。元素在局部坐标系下的节点位移列阵、节点力列阵为

$$\{\bar{\delta}\}^e = \begin{bmatrix} \bar{u}_i \\ \bar{v}_i \\ \bar{u}_j \\ \bar{v}_j \end{bmatrix}, \quad \{\bar{F}\}^e = \begin{bmatrix} \overline{U}_i \\ \overline{V}_i \\ \overline{U}_j \\ \overline{V}_j \end{bmatrix} \tag{3-60}$$

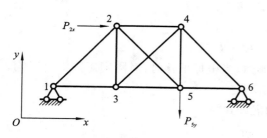

图 3-44 桁架与总体坐标系

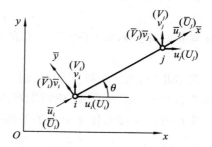

图 3-45 杆元素总体坐标系与局部坐标系

元素刚度矩阵扩阶后,变为

$$[\overline{K}]^e = \frac{EA}{L_{ij}} \begin{bmatrix} 1 & 0 & -1 & 0 \\ 0 & 0 & 0 & 0 \\ -1 & 0 & 1 & 0 \\ 0 & 0 & 0 & 0 \end{bmatrix} \tag{3-61}$$

局部坐标系中的节点位移与总体坐标系中的节点位移有以下转换关系:

$$\begin{cases} \bar{u}_i = u_i\cos\theta + v_i\sin\theta \\ \bar{v}_i = -u_i\sin\theta + v_i\cos\theta \\ \bar{u}_j = u_j\cos\theta + v_j\sin\theta \\ \bar{v}_j = -u_j\sin\theta + v_j\cos\theta \end{cases} \tag{3-62}$$

将其写成矩阵形式:

$$\begin{bmatrix} \bar{u}_i \\ \bar{v}_i \\ \bar{u}_j \\ \bar{v}_j \end{bmatrix} = \begin{bmatrix} \cos\theta & \sin\theta & 0 & 0 \\ -\sin\theta & \cos\theta & 0 & 0 \\ 0 & 0 & \cos\theta & \sin\theta \\ 0 & 0 & -\sin\theta & \cos\theta \end{bmatrix} \begin{bmatrix} u_i \\ v_i \\ u_j \\ v_j \end{bmatrix} = [T] \begin{bmatrix} u_i \\ v_i \\ u_j \\ v_j \end{bmatrix} \tag{3-63}$$

记 $\lambda = \cos\theta, \mu = \sin\theta, [T] = \begin{bmatrix} \lambda & \mu & 0 & 0 \\ -\mu & \lambda & 0 & 0 \\ 0 & 0 & \lambda & \mu \\ 0 & 0 & -\mu & \lambda \end{bmatrix}$ 称为坐标变换矩阵;$\boldsymbol{\delta}^e = \begin{bmatrix} u_i \\ v_i \\ u_j \\ v_j \end{bmatrix}, \boldsymbol{F}^e = $

$\begin{bmatrix} U_i \\ V_i \\ U_j \\ V_j \end{bmatrix}$ 分别表示元素在总体坐标系下的节点位移列阵和节点力列阵。则对节点位移:

$$\overline{\boldsymbol{\delta}}^e = [T] \cdot \boldsymbol{\delta}^e = \boldsymbol{T} \cdot \boldsymbol{\delta}^e \tag{3-64}$$

相应地,对节点力 $\overline{\boldsymbol{F}}^e = [T] \cdot \boldsymbol{F}^e = \boldsymbol{T} \cdot \boldsymbol{F}^e$。

元素在局部坐标系中的做功与元素在总体坐标系中的做功是相等的,据此,有

$$\frac{1}{2}(\overline{\boldsymbol{\delta}}^e)^{\mathrm{T}} \cdot \overline{\boldsymbol{F}}^e = \frac{1}{2}(\overline{\boldsymbol{\delta}}^e)^{\mathrm{T}} \cdot \overline{\boldsymbol{K}}^e \cdot \overline{\boldsymbol{\delta}}^e = \frac{1}{2}(\boldsymbol{\delta}^e)^{\mathrm{T}} \cdot \boldsymbol{T}^{\mathrm{T}} \cdot \overline{\boldsymbol{K}}^e \cdot \boldsymbol{T} \cdot \boldsymbol{\delta}^e = \frac{1}{2}(\boldsymbol{\delta}^e)^{\mathrm{T}} \cdot \boldsymbol{F}^e \tag{3-65}$$

即元素在总体坐标系中的刚度方程为

$$\boldsymbol{F}^e = \boldsymbol{T}^{\mathrm{T}} \cdot \overline{\boldsymbol{K}}^e \cdot \boldsymbol{T} \cdot \boldsymbol{\delta}^e = \boldsymbol{K}^e \cdot \boldsymbol{\delta}^e \tag{3-66}$$

则元素在总体坐标系下的刚度矩阵的变换式为

$$\boldsymbol{K}^e = \boldsymbol{T}^{\mathrm{T}} \cdot \overline{\boldsymbol{K}}^e \cdot \boldsymbol{T} \tag{3-67}$$

需要指出:由于矩阵 $\boldsymbol{T}$ 中仅仅包含坐标的倾角,当坐标平移时,对刚度矩阵没有影响。因而如果仅平行移动坐标轴,则刚度矩阵中元素值不变。

平面杆元素在总体坐标系下的刚度矩阵的展开式为

$$\boldsymbol{K}^e = \frac{EA}{L_{ij}} \begin{bmatrix} \lambda^2 & \lambda\mu & -\lambda^2 & -\lambda\mu \\ \lambda\mu & \mu^2 & -\lambda\mu & -\mu^2 \\ -\lambda^2 & -\lambda\mu & \lambda^2 & \lambda\mu \\ -\lambda\mu & -\mu^2 & \lambda\mu & \mu^2 \end{bmatrix} = \frac{EA}{L_{ij}} \begin{bmatrix} [K_0] & -[K_0] \\ -[K_0] & [K_0] \end{bmatrix} \tag{3-68}$$

式中:

$$[K_0] = \begin{bmatrix} \lambda^2 & \lambda\mu \\ \lambda\mu & \mu^2 \end{bmatrix}$$

4. 总刚度矩阵[K]的组集

总刚度矩阵[K]实际上是由各个元素的刚度矩阵组集而成的。元素的刚度矩阵只需按其节点位移在总刚度矩阵中的位置"按号就座"。设全结构有 N 个节点,这 N 个节点的节点位移列阵为

$$\boldsymbol{\delta} = \{\delta\} = \begin{Bmatrix} \{\delta_1\} \\ \vdots \\ \{\delta_i\} \\ \vdots \\ \{\delta_j\} \\ \vdots \\ \{\delta_N\} \end{Bmatrix} \tag{3-69}$$

按节点位移列阵,排列节点外载荷列阵。

$$\boldsymbol{F} = \{F\} = \begin{Bmatrix} \{F_1\} \\ \vdots \\ \{F_i\} \\ \vdots \\ \{F_j\} \\ \vdots \\ \{F_N\} \end{Bmatrix} \tag{3-70}$$

　　对于元素 ij 的刚度矩阵,遵照"按号就座"的原则,放置在总刚度矩阵 $[K]$ 中的 $\{\delta_i\}$ 和 $\{\delta_j\}$ 所在行和列的交叉点处,如图 3-46 所示。

$$
\begin{bmatrix}
 & \{\delta_1\} & \{\delta_i\} & \{\delta_j\} & \{\delta_m\} \\[4pt]
 & & [K_{ii}]^{ij} & [K_{ij}]^{ij} & \\[4pt]
 & & [K_{ji}]^{ij} & [K_{jj}]^{ij} &
\end{bmatrix}
+
\begin{bmatrix}
\{\delta_1\} & \{\delta_i\} & \{\delta_j\} & \{\delta_m\} \\[4pt]
 & [K_{ii}]^{im} & & [K_{im}]^{im} \\[4pt]
 & [K_{mi}]^{im} & & [K_{mm}]^{im}
\end{bmatrix}
=
$$

$$
\begin{bmatrix}
\{\delta_1\} & \{\delta_i\} & \{\delta_j\} & \{\delta_m\} \\[4pt]
 & [K_{ii}]^{ij}+[Kii]^{im} & [K_{ij}]^{ij} & [K_{im}]^{im} \\[4pt]
 & [K_{ji}]^{ij} & [K_{jj}]^{ij} & \\[4pt]
 & [K_{mi}]^{im} & & [K_{mm}]^{im}
\end{bmatrix}
$$

图 3-46 "按号就座"的原则

　　总刚度方程在没有引入位移约束条件之前,是不能求解的。这是因为,结构在没有引入位移约束条件之前是自由体,整体上存在 3 个(空间体 6 个)静力平衡条件,节点力列阵 $\{F\}$ 中的项并不是完全独立的,或刚度矩阵 $[K]$ 中的相关行和列有线性相关性,导致刚度矩阵的逆矩阵不存在。

　　在结构分析中,采用引入边界条件的方法删去相关的行(列)。如果一个结构的刚体位移被限制,则与限制位移相对应的支反力自行保持全结构的平衡,也即这些支反力必然是其他外力的线性组合,而它所对应的行(列)恰恰是线性相关的行列。位移边界条件处理之后,线性相关的行(列)就删去,总刚度矩阵 $[K]$ 变成可逆的,此时总刚度方程才能求解。对零位移边界条件,从总刚度矩阵中删去零位移所对应的行和列,这种方法称为删行删列法。

　　[例 3-4] 试用矩阵位移法求图 3-47 所示的桁架中 3 点的位移以及元素内力和支反力。设全部杆件的拉伸刚度均为 EA。

　　解 (1)给节点和元素编号,如图 3-48 所示。

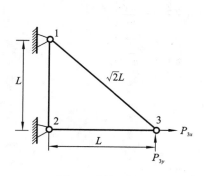

图 3-47 桁架系统

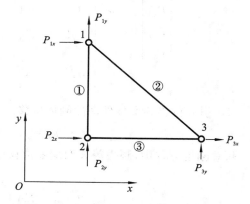

图 3-48 例 3-1 的桁架系统总体坐标系

　　(2)建立总体坐标系 xOy,如图 3-48 所示。

　　(3)建立元素在总体坐标系 xOy 中的刚度矩阵。

对于杆①，长度为 L，$\theta = 270°$，则 $\lambda = \cos\theta = 0$，$\mu = \sin\theta = -1$，

$$[K]_{12} = \frac{EA}{L}\begin{bmatrix} 0 & 0 & 0 & 0 \\ 0 & 1 & 0 & -1 \\ 0 & 0 & 0 & 0 \\ 0 & -1 & 0 & 1 \end{bmatrix}$$

对于杆②，长度为 $\sqrt{2}L$，$\theta = 315° = -45°$，则 $\lambda = \cos\theta = \frac{\sqrt{2}}{2}$，$\mu = \sin\theta = -\frac{\sqrt{2}}{2}$，

$$[K]_{13} = \frac{EA}{2\sqrt{2}L}\begin{bmatrix} 1 & -1 & -1 & 1 \\ -1 & 1 & 1 & -1 \\ -1 & 1 & 1 & -1 \\ 1 & -1 & -1 & 1 \end{bmatrix}$$

对于杆③，长度为 L，$\theta = 0$，则 $\lambda = \cos\theta = 1$，$\mu = \sin\theta = 0$，

$$[K]_{23} = \frac{EA}{L}\begin{bmatrix} 1 & 0 & -1 & 0 \\ 0 & 0 & 0 & 0 \\ -1 & 0 & 1 & 0 \\ 0 & 0 & 0 & 0 \end{bmatrix}$$

（4）组集总刚度矩阵，建立总刚度方程。

按编号顺序列出节点位移和节点力列阵：

$$\{\delta\} = \begin{bmatrix} u_1 & v_1 & u_2 & v_2 & u_3 & v_3 \end{bmatrix}^{\mathrm{T}}$$

$$\{P\} = \begin{bmatrix} P_{1x} & P_{1y} & P_{2x} & P_{2y} & P_{3x} & P_{3y} \end{bmatrix}^{\mathrm{T}}$$

$$\begin{bmatrix} P_{1x} \\ P_{1y} \\ P_{2x} \\ P_{2y} \\ P_{3x} \\ P_{3y} \end{bmatrix} = \frac{EA}{L}\begin{bmatrix} \frac{\sqrt{2}}{4} & -\frac{\sqrt{2}}{4} & 0 & 0 & -\frac{\sqrt{2}}{4} & \frac{\sqrt{2}}{4} \\ -\frac{\sqrt{2}}{4} & 1+\frac{\sqrt{2}}{4} & 0 & -1 & \frac{\sqrt{2}}{4} & -\frac{\sqrt{2}}{4} \\ 0 & 0 & 1 & 0 & -1 & 0 \\ 0 & -1 & 0 & 1 & 0 & 0 \\ -\frac{\sqrt{2}}{4} & \frac{\sqrt{2}}{4} & -1 & 0 & 1+\frac{\sqrt{2}}{4} & -\frac{\sqrt{2}}{4} \\ \frac{\sqrt{2}}{4} & -\frac{\sqrt{2}}{4} & 0 & 0 & -\frac{\sqrt{2}}{4} & \frac{\sqrt{2}}{4} \end{bmatrix}\begin{bmatrix} u_1 \\ v_1 \\ u_2 \\ v_2 \\ u_3 \\ v_3 \end{bmatrix}$$

（5）引入位移约束条件消除刚体位移。

$$u_1 = v_1 = u_2 = v_2 = 0$$

从总刚度方程中，删去等式两端零位移所在的行和列。

$$\begin{bmatrix} P_{3x} \\ P_{3y} \end{bmatrix} = \frac{EA}{L}\begin{bmatrix} 1+\frac{\sqrt{2}}{4} & -\frac{\sqrt{2}}{4} \\ -\frac{\sqrt{2}}{4} & \frac{\sqrt{2}}{4} \end{bmatrix}\begin{bmatrix} u_3 \\ v_3 \end{bmatrix}$$

（6）解引入位移约束条件后的总刚度方程，求出节点位移。

$$\begin{bmatrix} u_3 \\ v_3 \end{bmatrix} = \left(\frac{EA}{L} \begin{bmatrix} 1+\dfrac{\sqrt{2}}{4} & -\dfrac{\sqrt{2}}{4} \\ -\dfrac{\sqrt{2}}{4} & \dfrac{\sqrt{2}}{4} \end{bmatrix} \right)^{-1} \begin{bmatrix} P_{3x} \\ P_{3y} \end{bmatrix} = \frac{L}{EA} \begin{bmatrix} 1 & 1 \\ 1 & 1+2\sqrt{2} \end{bmatrix} \begin{bmatrix} P_{3x} \\ P_{3y} \end{bmatrix}$$

（7）求支反力。

可以从总刚度方程中，求出支反力。

$$\begin{bmatrix} P_{1x} \\ P_{1y} \\ P_{2x} \\ P_{2y} \end{bmatrix} = \frac{EA}{L} \begin{bmatrix} -\dfrac{\sqrt{2}}{4} & \dfrac{\sqrt{2}}{4} \\ \dfrac{\sqrt{2}}{4} & -\dfrac{\sqrt{2}}{4} \\ -1 & 0 \\ 0 & 0 \end{bmatrix} \begin{bmatrix} u_3 \\ v_3 \end{bmatrix} = \begin{bmatrix} -\dfrac{\sqrt{2}}{4} & \dfrac{\sqrt{2}}{4} \\ \dfrac{\sqrt{2}}{4} & -\dfrac{\sqrt{2}}{4} \\ -1 & 0 \\ 0 & 0 \end{bmatrix} \begin{bmatrix} 1 & 1 \\ 1 & 1+2\sqrt{2} \end{bmatrix} \begin{bmatrix} P_{3x} \\ P_{3y} \end{bmatrix}$$

$$= \begin{bmatrix} 0 & 1 \\ 0 & -1 \\ -1 & -1 \\ 0 & 0 \end{bmatrix} \begin{bmatrix} P_{3x} \\ P_{3y} \end{bmatrix} = \begin{Bmatrix} P_{3x} \\ -P_{3y} \\ -P_{3x}-P_{3y} \\ 0 \end{Bmatrix}$$

（8）求元素内力，即杆轴力。

方法 1　将已求出的节点位移代入元素刚度方程中，可得到元素的节点力，然后合成得到杆的轴力。

对于杆元素 ij，如图 3-49 所示，有

$$\begin{bmatrix} U_i \\ V_i \\ U_j \\ V_j \end{bmatrix}^{ij} = [K]^{ij} \begin{bmatrix} u_i \\ v_i \\ u_j \\ v_j \end{bmatrix}$$

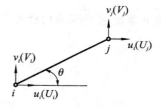

图 3-49　杆元素总体坐标系

$$N_{ij} = \sqrt{U_i^2 + V_i^2} = \sqrt{U_j^2 + V_j^2}$$

注意：这里需要根据节点力的正负，来判断杆是受拉还是受压。

方法 2　将总体坐标系中的节点位移，转化到元素局部坐标系中，在元素坐标系中计算杆的轴力。

对于元素 ij，有

$$\begin{bmatrix} \bar{u}_i \\ \bar{u}_j \end{bmatrix} = \begin{bmatrix} \lambda & \mu & 0 & 0 \\ 0 & 0 & \lambda & \mu \end{bmatrix} \begin{bmatrix} u_i \\ v_i \\ u_j \\ v_j \end{bmatrix}$$

$$N_{ij} = \{S\} = EA \frac{1}{L} \begin{bmatrix} -1 & 1 \end{bmatrix} \begin{bmatrix} \bar{u}_i \\ \bar{u}_j \end{bmatrix}^e = \frac{EA}{L} \begin{bmatrix} -\lambda & -\mu & \lambda & \mu \end{bmatrix} \begin{bmatrix} u_i \\ v_i \\ u_j \\ v_j \end{bmatrix}$$

并且 $N_{ij} > 0$，杆受拉；$N_{ij} < 0$，杆受压。

3.3.4　等截面梁的刚度矩阵

1. 梁元素在局部坐标系中的平衡方程及刚度矩阵

在元素局部坐标系中,长度为 L,节点编号为 ij 的平面梁元素如图 3-50 所示,梁的截面拉伸刚度为 EA,截面抗弯刚度为 EI。因为梁元素能承受轴向力、横向剪力和弯矩,故梁的每个节点上有 3 个位移分量,相应的也有 3 个节点力。

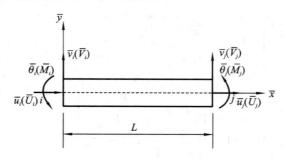

图 3-50　梁元素

记梁元素在局部坐标系中的节点位移列阵和节点力列阵分别为

$$\{\overline{\delta}\}^e = \begin{bmatrix} \overline{u}_i & \overline{v}_i & \overline{\theta}_i & \overline{u}_j & \overline{v}_j & \overline{\theta}_j \end{bmatrix}^{\mathrm{T}} \tag{3-71}$$

$$\{\overline{F}\}^e = \begin{bmatrix} \overline{U}_i & \overline{V}_i & \overline{M}_i & \overline{U}_j & \overline{V}_j & \overline{M}_j \end{bmatrix}^{\mathrm{T}}$$

根据元素刚度矩阵的物理意义,可以写出梁元素在局部坐标系中的刚度矩阵具有如下形式:

$$[\overline{K}]^e = \begin{array}{c} \begin{matrix} \overline{u}_i & \overline{v}_i & \overline{\theta}_i & \overline{u}_j & \overline{v}_j & \overline{\theta}_j \end{matrix} \\ \begin{bmatrix} k_{11} & k_{12} & k_{13} & k_{14} & k_{15} & k_{16} \\ k_{21} & k_{22} & k_{23} & k_{24} & k_{25} & k_{26} \\ k_{31} & k_{32} & k_{33} & k_{34} & k_{35} & k_{36} \\ k_{41} & k_{42} & k_{43} & k_{44} & k_{45} & k_{46} \\ k_{51} & k_{52} & k_{53} & k_{54} & k_{55} & k_{56} \\ k_{61} & k_{62} & k_{63} & k_{64} & k_{65} & k_{66} \end{bmatrix} \begin{matrix} \overline{U}_i \\ \overline{V}_i \\ \overline{M}_i \\ \overline{U}_j \\ \overline{V}_j \\ \overline{M}_j \end{matrix} \end{array} \tag{3-72}$$

刚度矩阵 K 的任何一列(k 列的元素),表示为了使位移向量中第 k 个位移有单位值,而其余各个位移均等于 0 时,在元件的节点上施加的各个广义力的值。

根据刚度系数物理意义,可以确定元素刚度矩阵中各个刚度系数的值。

对于图 3-51(a),可假设为一右端固支的悬臂梁,左端施加集中力 k_{22} 和集中力偶 k_{32},在这两个外载荷的作用下使得悬臂梁左端挠度为 1,转角为 0°。可根据这两个条件求出 k_{22} 和 k_{32} 的值(采用单位力法或者材料力学中的梁弯曲变形计算的查表法)。再根据平衡方程可以求出 k_{52} 和 k_{62}。

$$k_{22} = \frac{12EJ}{L^3}, \quad k_{32} = \frac{6EJ}{L^2}, \quad k_{52} = -\frac{12EJ}{L^3}, \quad k_{62} = \frac{6EJ}{L^2}$$

同理,

$$k_{23} = \frac{6EJ}{L^2}, \quad k_{33} = \frac{4EJ}{L}, \quad k_{53} = -\frac{6EJ}{L^2}, \quad k_{63} = \frac{2EJ}{L}$$

$$k_{25} = -\frac{12EJ}{L^3}, \quad k_{35} = -\frac{6EJ}{L^2}, \quad k_{55} = \frac{12EJ}{L^3}, \quad k_{65} = -\frac{6EJ}{L^2}$$

$$k_{26} = \frac{6EJ}{L^2}, \quad k_{36} = \frac{2EJ}{L}, \quad k_{56} = -\frac{6EJ}{L^2}, \quad k_{66} = \frac{4EJ}{L}$$

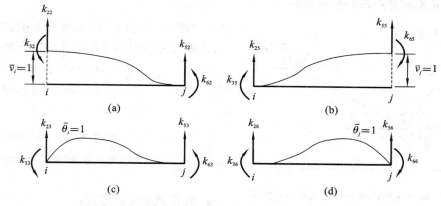

图 3-51　刚度矩阵 k 列元素的物理意义

在线弹性、小变形假设下,梁的纵向(轴向)变形与横向变形不耦合,即轴向变形不会影响到横向变形的刚度系数,反之亦然。因此,轴向变形的刚度系数与桁架结构的一致。

梁元素在局部坐标系中的刚度矩阵为

$$[\overline{K}]^e = \begin{bmatrix} \dfrac{EA}{L} & 0 & 0 & -\dfrac{EA}{L} & 0 & 0 \\[2mm] 0 & \dfrac{12EJ}{L^3} & \dfrac{6EJ}{L^2} & 0 & -\dfrac{12EJ}{L^3} & \dfrac{6EJ}{L^2} \\[2mm] 0 & \dfrac{6EJ}{L^2} & \dfrac{4EJ}{L} & 0 & -\dfrac{6EJ}{L^2} & \dfrac{2EJ}{L} \\[2mm] -\dfrac{EA}{L} & 0 & 0 & \dfrac{EA}{L} & 0 & 0 \\[2mm] 0 & -\dfrac{12EJ}{L^3} & -\dfrac{6EJ}{L^2} & 0 & \dfrac{12EJ}{L^3} & -\dfrac{6EJ}{L^2} \\[2mm] 0 & \dfrac{6EJ}{L^2} & \dfrac{2EJ}{L} & 0 & -\dfrac{6EJ}{L^2} & \dfrac{4EJ}{L} \end{bmatrix} \tag{3-73}$$

如果不计轴向变形,则梁元素在局部坐标系中的刚度矩阵为

$$[\overline{K}]^e = \begin{bmatrix} \dfrac{12EJ}{L^3} & \dfrac{6EJ}{L^2} & -\dfrac{12EJ}{L^3} & \dfrac{6EJ}{L^2} \\[2mm] \dfrac{6EJ}{L^2} & \dfrac{4EJ}{L} & -\dfrac{6EJ}{L^2} & \dfrac{2EJ}{L} \\[2mm] -\dfrac{12EJ}{L^3} & -\dfrac{6EJ}{L^2} & \dfrac{12EJ}{L^3} & -\dfrac{6EJ}{L^2} \\[2mm] \dfrac{6EJ}{L^2} & \dfrac{2EJ}{L} & -\dfrac{6EJ}{L^2} & \dfrac{4EJ}{L} \end{bmatrix} \begin{matrix} \overline{v}_i \\[2mm] \overline{\theta}_i \\[2mm] \overline{v}_j \\[2mm] \overline{\theta}_j \end{matrix} \tag{3-74}$$

可见,梁元素的刚度矩阵也是对称的。但从表面上看,

$$\sum_{i=1}^{n} K_{ij} = 0 \tag{3-75}$$

的规律不存在。这种现象是由于梁元刚度矩阵中不仅有力,还有力矩,它们的平衡不能用简单的加减来表示而造成的。

2. 梁元素刚度矩阵的坐标变换

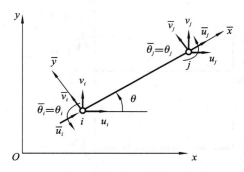

图 3-52　梁元素的总体坐标系与局部坐标系

如图 3-52 所示,局部坐标系中的节点位移与总体坐标系中的节点位移有以下转换关系:

$$\begin{cases} \overline{u}_i = u_i\cos\theta + v_i\sin\theta \\ \overline{v}_i = -u_i\sin\theta + v_i\cos\theta \\ \overline{\theta}_i = \theta_i \\ \overline{u}_j = u_j\cos\theta + v_j\sin\theta \\ \overline{v}_j = -u_j\sin\theta + v_j\cos\theta \\ \overline{\theta}_j = \theta_j \end{cases} \tag{3-76}$$

可写成矩阵的形式:

$$\begin{bmatrix} \overline{u}_i \\ \overline{v}_i \\ \overline{\theta}_i \\ \overline{u}_j \\ \overline{v}_j \\ \overline{\theta}_j \end{bmatrix} = \begin{bmatrix} \lambda & \mu & 0 & 0 & 0 & 0 \\ -\mu & \lambda & 0 & 0 & 0 & 0 \\ 0 & 0 & 1 & 0 & 0 & 0 \\ 0 & 0 & 0 & \lambda & \mu & 0 \\ 0 & 0 & 0 & -\mu & \lambda & 0 \\ 0 & 0 & 0 & 0 & 0 & 1 \end{bmatrix} \begin{bmatrix} u_i \\ v_i \\ \theta_i \\ u_j \\ v_j \\ \theta_j \end{bmatrix} = [T] \begin{bmatrix} u_i \\ v_i \\ \theta_i \\ u_j \\ v_j \\ \theta_j \end{bmatrix} \tag{3-77}$$

梁元素在总体坐标系中的刚度方程为

$$F^e = K^e \cdot \delta^e \tag{3-78}$$

梁元素在总体坐标系中的刚度矩阵的变换式为

$$K^e = T^T \cdot \overline{K}^e \cdot T \tag{3-79}$$

[例 3-5]　用位移法求图 3-53 所示简支梁的节点位移。设杆件的弯曲刚度均为 EI。

解

$$[\overline{K}]^e = \begin{bmatrix} \dfrac{12EI}{L^3} & \dfrac{6EI}{L^2} & -\dfrac{12EI}{L^3} & \dfrac{6EI}{L^2} \\ \dfrac{6EI}{L^2} & \dfrac{4EI}{L} & -\dfrac{6EI}{L^2} & \dfrac{2EI}{L} \\ -\dfrac{12EI}{L^3} & -\dfrac{6EI}{L^2} & \dfrac{12EI}{L^3} & -\dfrac{6EI}{L^2} \\ \dfrac{6EI}{L^2} & \dfrac{2EI}{L} & -\dfrac{6EI}{L^2} & \dfrac{4EI}{L} \end{bmatrix} \begin{matrix} \overline{v}_i \\ \overline{\theta}_i \\ \overline{v}_j \\ \overline{\theta}_j \end{matrix}$$

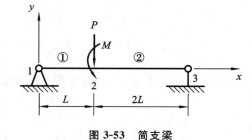

图 3-53　简支梁

对于梁①,有

$$[\overline{K}]^{(1)} = EI \begin{bmatrix} \dfrac{12}{L^3} & \dfrac{6}{L^2} & -\dfrac{12}{L^3} & \dfrac{6}{L^2} \\[3mm] \dfrac{6}{L^2} & \dfrac{4}{L} & -\dfrac{6}{L^2} & \dfrac{2}{L} \\[3mm] -\dfrac{12}{L^3} & -\dfrac{6}{L^2} & \dfrac{12}{L^3} & -\dfrac{6}{L^2} \\[3mm] \dfrac{6}{L^2} & \dfrac{2}{L} & -\dfrac{6}{L^2} & \dfrac{4}{L} \end{bmatrix} \begin{matrix} v_1 \\[3mm] \theta_1 \\[3mm] v_2 \\[3mm] \theta_2 \end{matrix}$$

对于梁②,有

$$[\overline{K}]^{(2)} = EI \begin{bmatrix} \dfrac{12}{8L^3} & \dfrac{6}{4L^2} & -\dfrac{12}{8L^3} & \dfrac{6}{4L^2} \\[3mm] \dfrac{6}{4L^2} & \dfrac{4}{2L} & -\dfrac{6}{4L^2} & \dfrac{2}{2L} \\[3mm] -\dfrac{12}{8L^3} & -\dfrac{6}{4L^2} & \dfrac{12}{8L^3} & -\dfrac{6}{4L^2} \\[3mm] \dfrac{6}{4L^2} & \dfrac{2}{2L} & -\dfrac{6}{4L^2} & \dfrac{4}{2L} \end{bmatrix} \begin{matrix} v_2 \\[3mm] \theta_2 \\[3mm] v_3 \\[3mm] \theta_3 \end{matrix}$$

组集总刚度矩阵为

$$\{\delta\} = \begin{bmatrix} v_1 & \theta_1 & v_2 & \theta_2 & v_3 & \theta_3 \end{bmatrix}^T$$
$$\{P\} = \begin{bmatrix} R_{1y} & 0 & -P & M & R_{3y} & 0 \end{bmatrix}^T$$
$$V_1 = V_3 = 0$$

引入位移边界,消除总刚度矩阵的奇异性:

$$EI \begin{bmatrix} \dfrac{4}{L} & -\dfrac{6}{L^2} & \dfrac{2}{L} & 0 \\[3mm] -\dfrac{6}{L^2} & \dfrac{27}{2L^3} & -\dfrac{9}{2L^2} & \dfrac{3}{2L^2} \\[3mm] \dfrac{2}{L} & -\dfrac{9}{2L^2} & \dfrac{6}{L} & \dfrac{1}{L} \\[3mm] 0 & \dfrac{3}{2L^2} & \dfrac{1}{L} & \dfrac{2}{L} \end{bmatrix} \begin{bmatrix} \theta_1 \\[3mm] v_2 \\[3mm] \theta_2 \\[3mm] \theta_3 \end{bmatrix} = \begin{bmatrix} 0 \\[3mm] -P \\[3mm] M \\[3mm] 0 \end{bmatrix}$$

解上述方程,求出位移。

$$\begin{bmatrix} v_2 \\ \theta_2 \end{bmatrix} = \frac{1}{9EI} \begin{bmatrix} 4L^3 & 2L^2 \\ 2L^2 & 3L \end{bmatrix} \begin{bmatrix} -P \\ M \end{bmatrix}$$

$$\begin{bmatrix} \theta_1 \\ \theta_3 \end{bmatrix} = \frac{1}{9EI} \begin{bmatrix} 5L^2 & 3L/2 \\ -4L^2 & -3L \end{bmatrix} \begin{bmatrix} -P \\ M \end{bmatrix}$$

3.3.5 有限元法简介

有限元法是在结构矩阵位移法的基础上发展起来的,杆件结构的有限元分析就是矩阵位移法。1943 年在 Courant 的论文中首次尝试使用定义三角形域上的分片连续函数和最小位能原理相结合求解 S. Venant 扭转问题。1956 年 M. J. Turner、R. W. Clough、H. C. Martin、L. J. Topp 在纽约举行的航空学会年会上介绍了一种新的计算方法,将矩阵位移法推广到求解平面应力问题。他们把结构划分成一个个三角形和矩形的"单元",利用单元中近似位移函数,求得单元节点力与节点位移关系的单元刚度矩阵。一般认为这是工程学界上有限元法的开端。

1960 年,Clough 在其论文 *The finite element in plane stress analysis* 中首次提出了有限元(finite element)这一术语。1965 年冯康发表了论文"基于变分原理的差分格式",这篇论文是国际学术界承认我国独立发展有限元方法的主要依据。1970 年,随着计算机和软件的发展,有限元发展起来。

随着计算机技术的迅速发展,在工程领域中,有限元分析(FEA)越来越多地用于仿真模拟,来求解真实的工程问题。这些年来,越来越多的工程师、应用数学家和物理学家已经证明这种采用求解偏微分方程的方法可以求解许多物理现象,这些偏微分方程可以用来描述流动、电磁场以及结构力学等。

习　题

1. 对图 3-54 所示的几何系统进行几何特性判断。

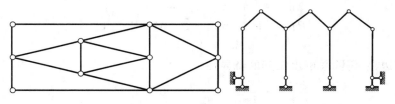

图 3-54　习题 1 图

2. 图 3-55 所示的为一超静定刚架。水平梁和竖直梁的截面惯性矩分别为 I_1 和 I_2,I_1：$I_2 = 2 : 1$。当水平梁承受均布载荷 $q = 20$ kN/m 作用时,试作刚架的弯矩图。

3. 采用矩阵位移法求解超静定桁架的基本步骤包含哪些?

4. 采用矩阵位移法求解图 3-56 所示的超静定桁架。

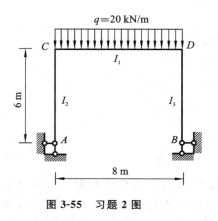

图 3-55　习题 2 图

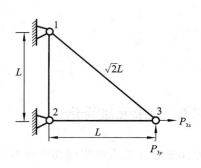

图 3-56　习题 4 图

5. 采用矩阵位移法求解图 3-57 所示的超静定桁架。

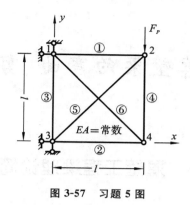

图 3-57　习题 5 图

6. 编写桁架系统矩阵位移法的计算程序。

第四章 薄壁梁的弯曲、剪切和扭转

4.1 薄壁工程梁理论简介

飞行器机体结构广泛采用薄壁结构形式，如大展弦比的机翼（见图 4-1）、尾翼和细长的机身（见图 4-2）。这类结构本身是由翼梁、桁条、翼肋和蒙皮等构件组成的复杂结构。当薄壁结构的纵向尺寸远大于横剖面尺寸时，如大展弦比翼面结构，其受力和变形与材料力学中的细长梁的类似，可根据载荷专业提供的气动力、惯性力、集中力等外载荷，通过截面法求取各剖面的内力，包括轴力、剪力、弯矩和扭矩。然而这类薄壁结构属于高度静不定系统，局部应力求解存在困难。为此，可以先对结构进行简化，略去一些次要承力元件，并对外载荷的分布形式和大小也作合理简化和调整，形成适合工程化分析的理想化模型，然后再进行计算，这就是薄壁工程梁理论的思路。薄壁工程梁理论可用于大展弦比机翼、尾翼、细长机身等部件的初步结构设计中。

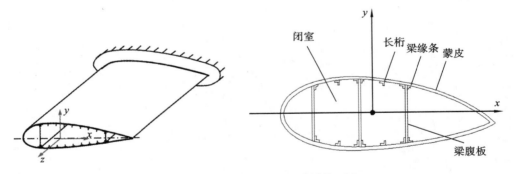

图 4-1 大展弦比机翼及剖面结构形式

在建立薄壁工程梁计算公式时，除了线弹性和小变形这两个基本假设外，还需要补充以下几个简化假设。

（1）棱柱壳体假设：剖面的几何形状及材料性质沿纵向不变，且变形后剖面无畸变。

横截面上各点沿纵向的相对位移所形成的剖面不再是平面，而是可以发生翘曲（$w = w(z) \neq 0$），但在原横截面自身平面内的投影形状不变。结构中沿纵向有较多的横向加强构件（翼肋、隔框），以便保持横截面的形状。所以在受力过程中横剖面的几何形状仍可以认为保持原有的几何形状，即剖面上各点的平面投影几何位置的相对坐标不变。这一假设在小变形情形下是比较符合实际的。

（2）与剖面尺寸相比，薄壁结构的壁厚非常小，可以不考虑沿着壁厚方向的正应力和切应力的变化，即假设剖面上正应力和切应力沿壁厚均匀分布，切应力平行于薄壁中线的切线，如

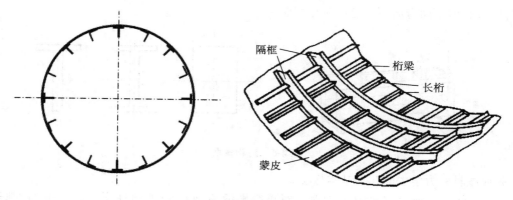

图 4-2　机身剖面结构形式

图 4-3 所示。飞行器结构力学中引入剪流的概念,如图 4-4 所示。剪流是单位长度上的剪力,也是切应力的载荷集度,即 $q＝\tau \cdot t, q＝q(s)$。

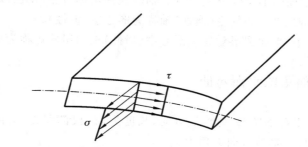

图 4-3　正应力和切应力沿壁厚均匀分布

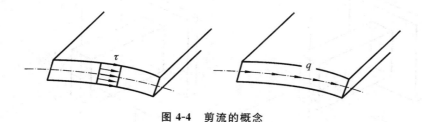

图 4-4　剪流的概念

4.2　平面弯曲和斜弯曲

4.2.1　对称弯曲

材料力学中讲述的问题多为对称弯曲问题。对称弯曲(见图 4-5)的概念是所有外力都作用在梁的纵向对称面之内,则梁弯曲变形后的轴线(挠曲线)也将是位于这个对称面内的一条曲线。平面弯曲的概念是弯曲变形后的轴线为平面曲线,且该平面曲线仍与外力共面。对于弯曲问题,既可以分为对称弯曲和非对称弯曲,也可以分为平面弯曲和斜弯曲。对称弯曲一定为平面弯曲,但平面弯曲不一定为对称弯曲。

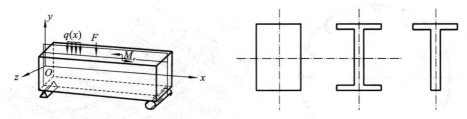

图 4-5　对称弯曲

先回顾材料力学中的几个基本概念。

(1) 主(惯性)轴:当平面图形对某一对正交坐标轴 yO、zO 的惯性积 $I_{yO,zO}=0$ 时,则坐标轴 yO、zO 称为主(惯性)轴。因此,具有一个或两个对称轴的正交坐标轴一定是平面图形的主(惯性)轴。

(2) 主(惯性)矩:平面图形对任一主(惯性)轴的惯性矩称为主(惯性)矩。

(3) 形心主(惯性)轴:过形心的主(惯性)轴称为形心主(惯性)轴。

(4) 形心主(惯性)矩:平面图形对任一形心主(惯性)轴的惯性矩称为形心主(惯性)矩。

4.2.2　矩形截面梁的平面弯曲

如图 4-6 所示的矩形截面梁,x 为轴线方向,长度为 l。根部固支,尖部受到一个 yz 横截面内斜方向的载荷 $\boldsymbol{F}$,与 y 轴负方向夹角为 θ。

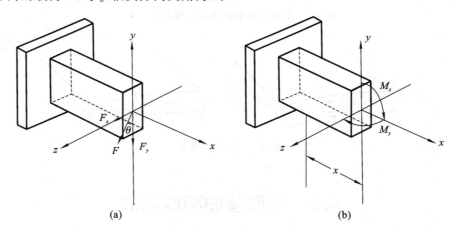

(a)　　　　　　　　　　　　(b)

图 4-6　矩形截面梁

(a)外力;(b)截面弯矩

将斜方向的集中力进行分解(见图 4-6(a)):

$$\begin{cases} F_y = F\cos\theta \\ F_z = F\sin\theta \end{cases} \tag{4-1}$$

得到任意剖面上的弯矩(见图 4-6(b)):

$$\begin{cases} M_z = F_y(l-x) = F(l-x)\cos\theta \\ M_y = F_z(l-x) = F(l-x)\sin\theta \end{cases} \tag{4-2}$$

根部弯矩最大值为

$$\begin{cases} M_{z\max} = Fl\cos\theta \\ M_{y\max} = Fl\sin\theta \end{cases} \tag{4-3}$$

截面上任意一点(x,y,z)的正应力计算公式如下（见图4-7）：

$$\sigma = \frac{M_z y}{I_z} + \frac{M_y z}{I_y} = F(l-x)\left(\frac{y\cos\theta}{I_z} + \frac{z\sin\theta}{I_y}\right) \tag{4-4}$$

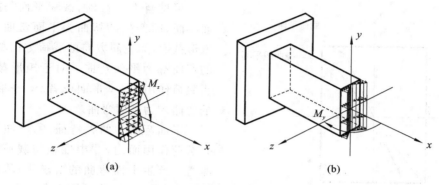

图 4-7　矩形截面正应力分布

(a)M_z 作用下；(b)M_y 作用下

如图 4-8 所示的中性轴 mn，又称为 0 应力线，其方程为

$$\sigma = F(l-x)\left(\frac{y_0\cos\theta}{I_z} + \frac{z_0\sin\theta}{I_y}\right) = 0 \tag{4-5}$$

即

$$\frac{y_0\cos\theta}{I_z} + \frac{z_0\sin\theta}{I_y} = 0 \tag{4-6}$$

$$\tan\varphi = \frac{y_0}{z_0} = -\frac{I_z}{I_y}\tan\theta \tag{4-7}$$

式中：θ 为载荷与 y 轴负方向的夹角；φ 为中性轴和 z 轴负方向的夹角。

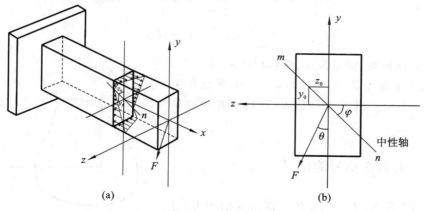

图 4-8　矩形截面总正应力分布及中性轴

悬臂梁尖部的挠度为

$$f = \sqrt{f_y^2 + f_z^2} \tag{4-8}$$

其中，

$$f_y = \frac{F_y l^3}{3EI_z}, \quad f_z = \frac{F_z l^3}{3EI_y} \tag{4-9}$$

α 为挠曲线平面和 y 轴负方向的夹角（见图 4-9），则

$$\tan\alpha = \frac{f_z}{f_y} = \frac{I_z}{I_y}\tan\theta \tag{4-10}$$

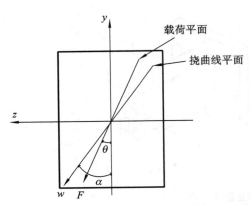

图 4-9　载荷平面与挠曲线平面

可见当 $I_y = I_z$ 时，载荷平面与挠曲线平面共面，即产生的弯曲为平面弯曲。对于正方形截面，无论斜方向的载荷方向如何，产生的弯曲都为平面弯曲。对于矩形截面，只有当载荷作用在 xy 平面或者 xz 平面内，产生的弯曲才为平面弯曲。

平面弯曲的两大特征：①弯曲后的轴线在载荷作用面内；②中性轴与载荷的作用面垂直。产生平面弯曲的要求为：载荷作用在形心主（惯性）平面（主轴与轴线组成的平面）内。当载荷作用面不在梁的形心主（惯性）平面内时，梁的弯曲轴线将不在载荷作用面内，即发生斜弯曲。此时，中性轴不再与载荷的作用面垂直。

图 4-10 所示的为一般平面图形，分别建立了坐标系 yCz 和 y_1Cz_1，有

$$\begin{cases} y_1 = y\cos\alpha + z\sin\alpha \\ z_1 = -y\sin\alpha + z\cos\alpha \end{cases} \tag{4-11}$$

由转轴公式

$$\begin{cases} I_{y1} = \dfrac{I_y + I_z}{2} + \dfrac{I_y - I_z}{2}\cos2\alpha - I_{yz}\sin2\alpha \\[2mm] I_{z1} = \dfrac{I_y + I_z}{2} - \dfrac{I_y - I_z}{2}\cos2\alpha + I_{yz}\sin2\alpha \\[2mm] I_{y1z1} = \dfrac{I_y - I_z}{2}\sin2\alpha + I_{yz}\cos2\alpha \end{cases} \tag{4-12}$$

可知对于正方形截面、圆形截面、多边形截面，$I_y = I_z$，$I_{yz} = 0$，则无论 α 取何值，$I_{y1} = I_{z1}$，$I_{y1z1} = 0$，即都是主轴。对于图 4-9 所示的长方形截面，只有 y 和 z 轴是一对主轴。

4.2.3　内力正负号的定义

本章中，M、S、N、T 表示 4 种不同形式的内力，分别为弯矩、剪力、轴力、扭矩。

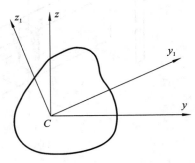

图 4-10　一般平面图形

弯矩 M_x、M_y 正负号的定义：使得构件在正 xy 象限因弯曲而受拉的弯矩为正。其余内力根据力/力矩矢量方向与坐标轴方向一致为正，反之为负，如图 4-11 所示的正的外力和正的内力。

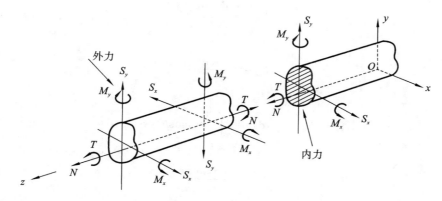

图 4-11　外力及内力

4.2.4　梁截面的简化计算

对于图 4-12(a) 所示的槽形截面，其形心主(惯性)矩为

$$I_{xx} = 2\left[\frac{(b+t/2)t^3}{12} + \left(b+\frac{t}{2}\right)th^2\right] + t\frac{\left[2(h-t/2)\right]^3}{12} \tag{4-13}$$

展开得

$$I_{xx} = 2\left[\frac{(b+t/2)t^3}{12} + \left(b+\frac{t}{2}\right)th^2\right] + \frac{t}{12}\left[2^3\left(h^3 - 3h^2\frac{t}{2} + 3h\frac{t^2}{4} - \frac{t^3}{8}\right)\right] \tag{4-14}$$

飞行器结构多为薄壁结构，在计算其惯性矩和惯性积时，可将缘条和腹板看成是线，不考虑自身形心主(惯性)矩的影响(见图 4-12(b))。

$$I_{xx} = 2bth^2 + t\frac{(2h)^3}{12} \tag{4-15}$$

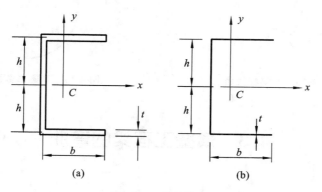

图 4-12　槽形截面

(a)真实形状；(b)简化形状

对于图 4-13 所示的倾斜杆，有

$$I_{xx} = 2\int_0^{a/2} ty^2 \mathrm{d}s = 2\int_0^{a/2} t(s\sin\beta)^2 \mathrm{d}s \tag{4-16}$$

进而得

$$I_{xx} = \frac{a^3 t\sin^2\beta}{12} \tag{4-17}$$

同理

$$I_{yy} = \frac{a^3 t\cos^2\beta}{12} \tag{4-18}$$

且

$$I_{xy} = 2\int_0^{a/2} txy\mathrm{d}s = 2\int_0^{a/2} t(s\cos\beta)(s\sin\beta)\mathrm{d}s \tag{4-19}$$

即

$$I_{xy} = \frac{a^3 t\sin 2\beta}{24} \tag{4-20}$$

对于图 4-14 所示的半圆形截面,有

$$I_{xx} = \int_0^{\pi r} ty^2 \mathrm{d}s \tag{4-21}$$

即

$$I_{xx} = \int_0^{\pi} t(r\cos\theta)^2 r\mathrm{d}\theta \tag{4-22}$$

得

$$I_{xx} = \frac{\pi r^3 t}{2} \tag{4-23}$$

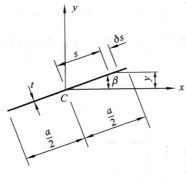

图 4-13　倾斜杆截面

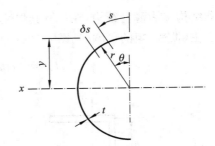

图 4-14　半圆形截面

4.3　薄壁工程梁的弯曲

4.3.1　薄壁工程梁的弯曲正应力计算

图 4-15(a)所示的为一般形状的截面 A,建立坐标系 xCy,C 为形心,NB 为中性轴,距形

心距离为 p，将截面上斜方向弯矩分解为 M_x 和 M_y。

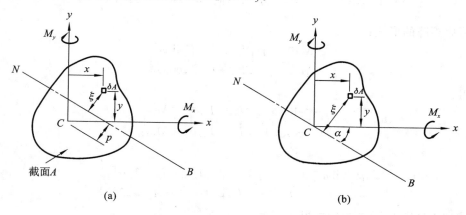

图 4-15 一般截面及弯矩示意图

(a)中性轴未知；(b)中性轴过形心

实验表明，对于非对称纯弯曲梁，平面假设依然成立，且同样可以认为平面上各点均为单向应力状态。根据平面假设，距离中性轴为 ξ 处点的轴线方向应变为

$$\varepsilon_z = \frac{\xi}{\rho} \tag{4-24}$$

由单向应力状态，正应力为

$$\sigma_z = E\varepsilon_z \tag{4-25}$$

将式(4-24)代入式(4-25)，可得：

$$\sigma_z = \frac{E\xi}{\rho} \tag{4-26}$$

由于剖面上轴力为 0，所以

$$\int_A \sigma_z \mathrm{d}A = 0 \tag{4-27}$$

即

$$\int_A \xi \mathrm{d}A = 0 \tag{4-28}$$

所以，中性轴通过截面形心，如图 4-15(b)所示。

从图 4-15(b)可知，ξ 与 x、y 之间的关系满足：

$$\xi = x\sin\alpha + y\cos\alpha \tag{4-29}$$

将式(4-29)代入式(4-26)，可得：

$$\sigma_z = \frac{E}{\rho}(x\sin\alpha + y\cos\alpha) \tag{4-30}$$

M_x 和 M_y 可以通过下式计算：

$$M_x = \int_A \sigma_z y \mathrm{d}A, \quad M_y = \int_A \sigma_z x \mathrm{d}A \tag{4-31}$$

将式(4-30)代入式(4-31)，且考虑

$$I_{xx} = \int_A y^2 \mathrm{d}A, \quad I_{yy} = \int_A x^2 \mathrm{d}A, \quad I_{xy} = \int_A xy \mathrm{d}A \tag{4-32}$$

可得：

$$M_x = \frac{E\sin\alpha}{\rho}I_{xy} + \frac{E\cos\alpha}{\rho}I_{xx}, \quad M_y = \frac{E\sin\alpha}{\rho}I_{yy} + \frac{E\cos\alpha}{\rho}I_{xy} \tag{4-33}$$

改写成矩阵的形式：

$$\begin{bmatrix} M_x \\ M_y \end{bmatrix} = \frac{E}{\rho}\begin{bmatrix} I_{xy} & I_{xx} \\ I_{yy} & I_{xy} \end{bmatrix}\begin{bmatrix} \sin\alpha \\ \cos\alpha \end{bmatrix} \tag{4-34}$$

可得：

$$\frac{E}{\rho}\begin{bmatrix} \sin\alpha \\ \cos\alpha \end{bmatrix} = \begin{bmatrix} I_{xy} & I_{xx} \\ I_{yy} & I_{xy} \end{bmatrix}^{-1}\begin{bmatrix} M_x \\ M_y \end{bmatrix} \tag{4-35}$$

或

$$\frac{E}{\rho}\begin{bmatrix} \sin\alpha \\ \cos\alpha \end{bmatrix} = \frac{1}{I_{xx}I_{yy} - I_{xy}^2}\begin{bmatrix} -I_{xy} & I_{xx} \\ I_{yy} & -I_{xy} \end{bmatrix}\begin{bmatrix} M_x \\ M_y \end{bmatrix} \tag{4-36}$$

将式(4-36)代入式(4-30)，可得：

$$\sigma_z = \frac{M_x(I_{yy}y - I_{xy}x)}{I_{xx}I_{yy} - I_{xy}^2} + \frac{M_y(I_{xx}x - I_{xy}y)}{I_{xx}I_{yy} - I_{xy}^2} \tag{4-37}$$

或

$$\sigma_z = \left(\frac{M_yI_{xx} - M_xI_{xy}}{I_{xx}I_{yy} - I_{xy}^2}\right)x + \left(\frac{M_xI_{yy} - M_yI_{xy}}{I_{xx}I_{yy} - I_{xy}^2}\right)y \tag{4-38}$$

若 Cx 或 Cy 为对称轴，则 $I_{xy}=0$，此时 Cx 或 Cy 为形心主(惯性)轴：

$$\sigma_z = \frac{M_x}{I_{xx}}y + \frac{M_y}{I_{yy}}x \tag{4-39}$$

进一步，若 $M_x=0$ 或 $M_y=0$，则

$$\sigma_z = \frac{M_y}{I_{yy}}x \tag{4-40}$$

或

$$\sigma_z = \frac{M_x}{I_{xx}}y \tag{4-41}$$

即为材料力学中的对称弯曲的正应力计算公式。推导式(4-38)所用的图 4-15 为一般的闭剖面。实际上，无论对于开剖面薄壁梁，还是闭剖面薄壁梁，弯矩载荷作用下截面上正应力都可采用式(4-38)进行计算。

中性轴(0 应力线)的位置可由下式确定：

$$0 = \left(\frac{M_yI_{xx} - M_xI_{xy}}{I_{xx}I_{yy} - I_{xy}^2}\right)x_{NB} + \left(\frac{M_xI_{yy} - M_yI_{xy}}{I_{xx}I_{yy} - I_{xy}^2}\right)y_{NB} \tag{4-42}$$

可知

$$\frac{y_{NB}}{x_{NB}} = -\frac{M_yI_{xx} - M_xI_{xy}}{M_xI_{yy} - M_yI_{xy}} \tag{4-43}$$

即

$$\tan\alpha = \frac{M_yI_{xx} - M_xI_{xy}}{M_xI_{yy} - M_yI_{xy}} \tag{4-44}$$

当 x_{NB} 和 y_{NB} 符号相反时，α 为正。

[**例 4-1**]　如图 4-16 所示的梁截面，垂直平面内作用的弯矩为 1500 N · m，计算截面上最大正应力。

解 （1）首先计算形心。假设形心 C 距离上边界 AB 和边界 EG 的距离分别为 $\overline{y}$ 和 $\overline{x}$，则根据静矩和形心的关系可知，

$$(120 \times 8 + 80 \times 8)\overline{y} = 120 \times 8 \times 4 + 80 \times 8 \times 48$$

求出

$$\overline{y} = 21.6 \text{ mm}$$

同理，

$$(120 \times 8 + 80 \times 8)\overline{x} = 80 \times 8 \times 4 + 120 \times 8 \times 24$$

得到

$$\overline{x} = 16 \text{ mm}$$

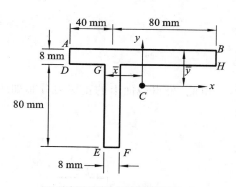

图 4-16　例 4-1 的梁截面尺寸

（2）以 C 为原点建立坐标系 xCy，根据平行移轴定理，可以求出惯性矩和惯性积。

$$I_{xx} = \left(\frac{120 \times 8^3}{12} + 120 \times 8 \times 17.6^2 + \frac{8 \times 80^3}{12} + 80 \times 8 \times 26.4^2 \right) \text{mm}^4 = 1.09 \times 10^6 \text{ mm}^4$$

$$I_{yy} = \left(\frac{8 \times 120^3}{12} + 120 \times 8 \times 8^2 + \frac{80 \times 8^3}{12} + 80 \times 8 \times 12^2 \right) \text{mm}^4 = 1.31 \times 10^6 \text{ mm}^4$$

$$I_{xy} = [120 \times 8 \times 8 \times 17.6 + 80 \times 8 \times (-12) \times (-26.4)] \text{mm}^4 = 0.34 \times 10^6 \text{ mm}^4$$

（3）由正应力计算公式可以得到 $\sigma_z = 1.5y - 0.39x$。在坐标为 $(-8, -66.4)$ 的 F 点处，正应力达到极值 $\sigma_{z,\max} = -96 \text{ N/mm}^2$，负号表示该点应力为压应力。

［例 4-2］ 如图 4-17 所示的梁截面，壁厚均为 t，计算正弯矩 M_x 对应的正应力。

解 （1）计算惯性矩和惯性积：

$$I_{xx} = 2\frac{ht}{2}\left(\frac{h}{2}\right)^2 + \frac{th^3}{12} = \frac{h^3 t}{3}$$

$$I_{yy} = 2\frac{t}{3}\left(\frac{h}{2}\right)^3 = \frac{h^3 t}{12}$$

$$I_{xy} = \frac{ht}{2}\left(\frac{h}{4}\right)\left(\frac{h}{2}\right) + \frac{ht}{2}\left(-\frac{h}{4}\right)\left(-\frac{h}{2}\right) = \frac{h^3 t}{8}$$

（2）代入正应力计算公式（见式（4-38））：

$$\sigma_z = \frac{M_x}{h^3 t}(6.86y - 10.30x)$$

上缘条，$y = h/2, 0 \leqslant x \leqslant h/2$，

$$\sigma_z = \frac{M_x}{h^3 t}(3.43h - 10.30x)$$

1 点和 2 点的正应力分别为

$$\sigma_{z,1} = -\frac{1.72M_x}{h^3 t} \quad （压）$$

$$\sigma_{z,2} = +\frac{3.43M_x}{h^3 t} \quad （拉）$$

腹板上，$-h/2 \leqslant y \leqslant h/2, x = 0$，

$$\sigma_z = \frac{M_x}{h^3 t}6.86y$$

2 点和 3 点的正应力分别为

$$\sigma_{z,2} = +\frac{3.43M_x}{h^3 t} \quad （拉）$$

$$\sigma_{z,3} = -\frac{3.43M_x}{h^3 t} \quad （压）$$

由此,可得截面上的正应力分布如图 4-18 所示。

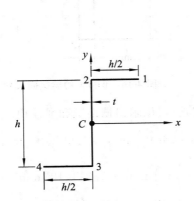

图 4-17　例 4-2 中 Z 形截面

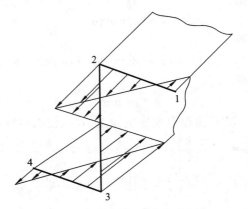

图 4-18　Z 形截面正应力分布图

4.3.2　薄壁工程梁弯曲变形计算

纯弯曲情况下,假设变形前后的形心分别为 C_I、C_F,与中性轴垂直的位移为 ζ,中性轴曲率半径为 ρ,如图 4-19 所示。

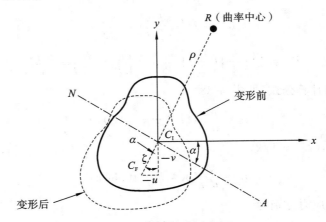

图 4-19　梁截面与坐标系

曲率公式的线性展开表达式为

$$\frac{1}{\rho} = \frac{d^2\zeta}{dz^2} \tag{4-45}$$

位移 ζ 在负方向的分量为

$$u = -\zeta\sin\alpha, \quad v = -\zeta\cos\alpha \tag{4-46}$$

求导 2 次,可得:

$$\frac{\sin\alpha}{\rho} = -\frac{\mathrm{d}^2 u}{\mathrm{d}z^2}, \quad \frac{\cos\alpha}{\rho} = -\frac{\mathrm{d}^2 v}{\mathrm{d}z^2} \tag{4-47}$$

写成矩阵形式：

$$\frac{1}{\rho}\begin{bmatrix} \sin\alpha \\ \cos\alpha \end{bmatrix} = \frac{1}{E(I_{xx}I_{yy} - I_{xy}^2)}\begin{bmatrix} -I_{xy} & I_{xx} \\ I_{yy} & -I_{xy} \end{bmatrix}\begin{bmatrix} M_x \\ M_y \end{bmatrix} \tag{4-48}$$

即

$$\begin{bmatrix} u'' \\ v'' \end{bmatrix} = \frac{-1}{E(I_{xx}I_{yy} - I_{xy}^2)}\begin{bmatrix} -I_{xy} & I_{xx} \\ I_{yy} & -I_{xy} \end{bmatrix}\begin{bmatrix} M_x \\ M_y \end{bmatrix} \tag{4-49}$$

或

$$\begin{bmatrix} M_x \\ M_y \end{bmatrix} = -E\begin{bmatrix} I_{xy} & I_{xx} \\ I_{yy} & I_{xy} \end{bmatrix}\begin{bmatrix} u'' \\ v'' \end{bmatrix} \tag{4-50}$$

即

$$\begin{cases} M_x = -EI_{xy}u'' - EI_{xx}v'' \\ M_y = -EI_{yy}u'' - EI_{xy}v'' \end{cases} \tag{4-51}$$

由式(4-51)可知，即使 $M_y = 0$，M_x 也会导致在 xz 平面和 yz 平面都有变形。若 Cx 轴或 Cy 轴为对称轴，$I_{xy} = 0$，则 Cx、Cy 轴为形心主(惯性)轴。

$$u'' = -\frac{M_y}{EI_{yy}}, \quad v'' = -\frac{M_x}{EI_{xx}} \tag{4-52}$$

式(4-52)即为材料力学中推导出来的梁对称弯曲时的挠曲线近似微分方程。

4.4　薄壁工程梁的剪切

4.4.1　开剖面弯曲剪流计算

如图 4-20 所示的开剖面薄壁工程梁，截面上剪力为 S_x 和 S_y。剪力作用在该剖面的弯心上，此时开剖面薄壁工程梁只产生弯曲，不会产生扭转。弯心的概念将在本章后续章节进行深入讨论。沿着 s 路径和轴向 z 方向截取单元体 $abcd$(厚度为 t)，单元体上应力分布如图 4-21 所示。

根据单元体 z 方向平衡，有

$$\left(\sigma_z + \frac{\partial \sigma_z}{\partial z}\delta z\right)t\delta s - \sigma_z t\delta s + \left(q + \frac{\partial q}{\partial s}\delta s\right)\delta z - q\delta z = 0 \tag{4-53}$$

可得：

$$\frac{\partial q}{\partial s} + t\frac{\partial \sigma_z}{\partial z} = 0 \tag{4-54}$$

截面上正应力计算公式见式(4-38)，进一步，

$$\frac{\partial \sigma_z}{\partial z} = \frac{\frac{\partial M_y}{\partial z}I_x - \frac{\partial M_x}{\partial z}I_{xy}}{I_x I_y - I_{xy}^2}x + \frac{\frac{\partial M_x}{\partial z}I_y - \frac{\partial M_y}{\partial z}I_{xy}}{I_x I_y - I_{xy}^2}y \tag{4-55}$$

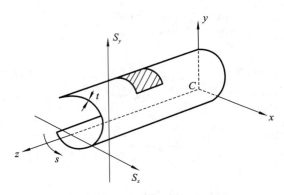

图 4-20　开剖面薄壁工程梁

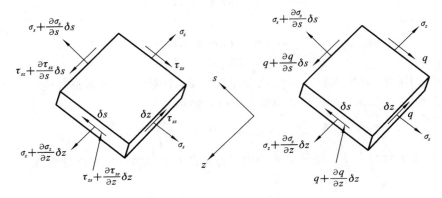

图 4-21　单元体上应力分布

弯矩与剪力满足如下关系:

$$\frac{\partial M_y}{\partial z} = S_x \tag{4-56}$$

$$\frac{\partial M_x}{\partial z} = S_y \tag{4-57}$$

因此,式(4-55)变为

$$\frac{\partial \sigma_z}{\partial z} = \frac{S_x I_x - S_y I_{xy}}{I_x I_y - I_{xy}^2} x + \frac{S_y I_y - S_x I_{xy}}{I_x I_y - I_{xy}^2} y \tag{4-58}$$

进而,结合式(4-54),有

$$\frac{\partial q}{\partial s} = -\left(\frac{S_x I_x - S_y I_{xy}}{I_x I_y - I_{xy}^2}\right) tx - \left(\frac{S_y I_y - S_x I_{xy}}{I_x I_y - I_{xy}^2}\right) ty \tag{4-59}$$

从起点开始到某点有

$$\int_0^s \frac{\partial q}{\partial s} ds = -\left(\frac{S_x I_x - S_y I_{xy}}{I_x I_y - I_{xy}^2}\right)\int_0^s tx\,ds - \left(\frac{S_y I_y - S_x I_{xy}}{I_x I_y - I_{xy}^2}\right)\int_0^s ty\,ds \tag{4-60}$$

如果 s 的原点取在横截面的开口边缘,由切应力互等定理,当 $s=0$ 时,$q=0$,则

$$q_s = -\left(\frac{S_x I_x - S_y I_{xy}}{I_x I_y - I_{xy}^2}\right)\int_0^s tx\,ds - \left(\frac{S_y I_y - S_x I_{xy}}{I_x I_y - I_{xy}^2}\right)\int_0^s ty\,ds \tag{4-61}$$

若 Cx 轴或 Cy 轴为对称轴,则

$$q_s = -\frac{S_x}{I_y}\int_0^s tx\,\mathrm{d}s - \frac{S_y}{I_x}\int_0^s ty\,\mathrm{d}s \tag{4-62}$$

式中：$\int_0^s ty\,\mathrm{d}s$ 表示从自由边到所求应力点处，承受正应力面积对 x 轴的静矩；$\int_0^s tx\,\mathrm{d}s$ 表示从自由边到所求应力点处，承受正应力面积对 y 轴的静矩。

[**例 4-3**]　如图 4-22 所示的槽形开剖面，S_y 作用在开剖面弯心上，剖面周边的厚度均为 t。求剪流分布。

解　x 轴是对称轴，必然是形心主轴。开剖面剪流计算公式可简化为

$$q_s = -\frac{S_y}{I_{xx}}\int_0^s ty\,\mathrm{d}s$$

形心主矩为

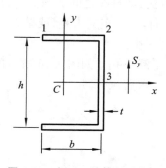

$$I_{xx} = 2(bt)\left(\frac{h}{2}\right)^2 + \frac{1}{12}th^3 = \frac{th^2}{2}\left(b+\frac{h}{6}\right)$$

图 4-22　例 4-3 的槽形开剖面

静矩计算公式为

$$SS_x = \int_0^s yt\,\mathrm{d}s$$

对于上缘条 12，有

$$SS_x^{1-2} = \int_0^{s_1} yt\,\mathrm{d}s = \frac{1}{2}hts_1$$

对于腹板 23，有

$$SS_x^{2-3} = \int_0^{s_2} yt\,\mathrm{d}s = \frac{1}{2}htb + ts_2\left(\frac{h}{2}-\frac{s_2}{2}\right)$$

剖面下半部分静矩与上半部分静矩对称，静矩分布如图 4-23 所示。
将惯性矩和静矩代入剪流计算公式，求得剪流大小为

$$q_s = -\frac{S_y}{I_{xx}}SS_x = -\frac{S_y}{\dfrac{th^2}{2}\left(b+\dfrac{h}{6}\right)}SS_x$$

剪流分布如图 4-24 所示。

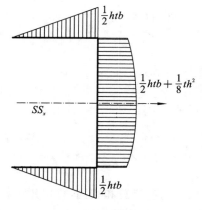

图 4-23　静矩分布

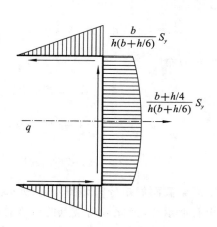

图 4-24　剪流分布

　　从剪流计算公式和例题计算结果可知,开剖面的弯曲剪流 $q(s)$ 的分布规律仅取决于剖面静矩 SS_x 和 SS_y 的分布规律,也就是说开剖面的弯曲剪流分布规律只与剖面的几何特性有关,而与外载荷无关。因此,只要知道静矩 SS_x 和 SS_y 的图形,也就知道了弯曲剪流的图形。由切应力互等作用定理,在横剖面上将出现与纵向剪流成对的剪流,如图 4-25 所示。因此,纵向剪流(即母线之间的剪流)可以用剖面上的剪流来表示。结合式(4-54)可知,正是因为沿着 z 方向,存在正应力差(或轴力差),在 z 方向建立平衡方程时,必然会出现纵向剪流(即剪流)与之平衡。

　　［例 4-4］　如图 4-26 所示的工字形梁截面,S_y 作用在开剖面弯心上,剖面周边的厚度均为 t。求剪流分布。

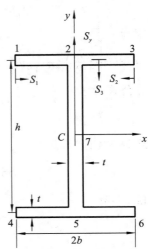

图 4-26　例 4-4 的工字形梁截面

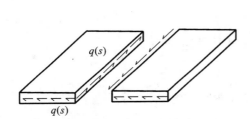

图 4-25　纵向剪流

　　解　x 轴是对称轴,必然是形心主轴。

$$q_s = -\frac{S_y}{I_{xx}} \int_0^s ty \, ds$$

计算惯性矩

$$I_{xx} = 2 \times (2bt)\left(\frac{h}{2}\right)^2 + \frac{1}{12} th^3 = th^2\left(b + \frac{h}{12}\right)$$

求静矩分布。

$$1\text{—}2\ \text{段}: SS_x^{1-2} = \int_0^{s_1} yt \, ds = \frac{1}{2} hts_1$$

$$3\text{—}2\ \text{段}: SS_x^{3-2} = \int_0^{s_2} yt \, ds = \frac{1}{2} hts_2$$

$$2\text{—}7\ \text{段}: SS_x^{2-7} = htb + ts_3\left(\frac{h}{2} - \frac{s_3}{2}\right)$$

　　工字形梁截面静矩分布如图 4-27 所示。

　　静矩有继承性,因此流向某点的剪流总和与流出该点的剪流总和相同,可以用来检验剪流的计算结果。但在有集中面积之处,由于静矩突变,剪流连续性则不存在。

　　计算剖面剪流:

$$q_s = -\frac{S_y}{I_{xx}}SS_x = -\frac{S_y}{th^2\left(b+\frac{h}{12}\right)}SS_x$$

剪流分布如图 4-28 所示。

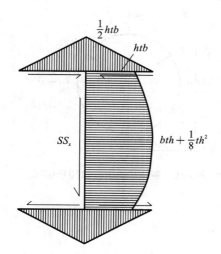

图 4-27　工字形梁截面静矩分布

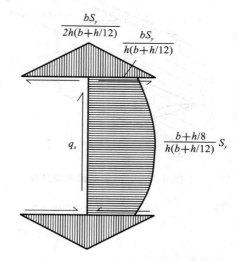

图 4-28　工字形梁截面剪流分布

[**例 4-5**]　如图 4-29 所示的 Z 形梁截面，S_y 作用在开剖面弯心上，剖面周边的厚度均为 t。求剪流分布。

解　剪流计算公式简化为

$$q_s = \frac{S_y}{I_{xx}I_{yy}-I_{xy}^2}\left(I_{xy}\int_0^s tx\,\mathrm{d}s - I_{yy}\int_0^s ty\,\mathrm{d}s\right)$$

惯性矩和惯性积分别为

$$I_{xx} = \frac{h^3t}{3},\quad I_{yy} = \frac{h^3t}{12},\quad I_{xy} = \frac{h^3t}{8}$$

剪流计算公式

$$q_s = \frac{S_y}{h^3}\int_0^s (10.32x - 6.84y)\,\mathrm{d}s$$

下缘条 12 上，$y=-h/2$，$x=-h/2+s_1$，$0\leqslant s_1\leqslant h/2$。

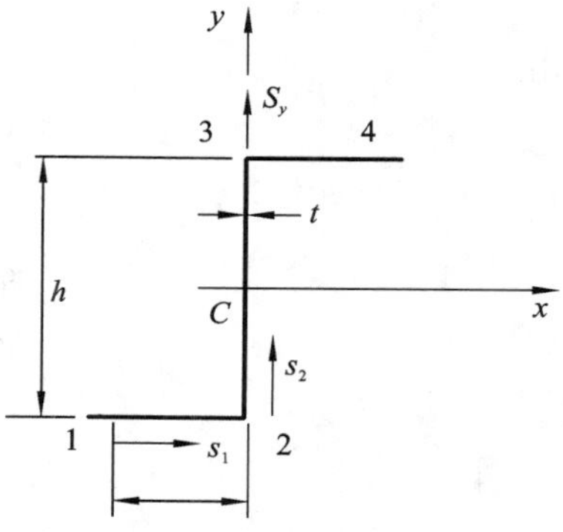

图 4-29　例 4-5 的 Z 形梁截面

$$q_{12} = \frac{S_y}{h^3}\int_0^{s_1}(10.32s_1 - 1.74h)\,\mathrm{d}s_1$$

$$q_{12} = \frac{S_y}{h^3}(5.16s_1^2 - 1.74hs_1)$$

腹板 23 上，$y=-h/2+s_2$，$0\leqslant s_2\leqslant h$，$x=0$。

$$q_{23} = \frac{S_y}{h^3}\int_0^{s_2}(3.42h - 6.84s_2)\,\mathrm{d}s_2 + q_2$$

$$s_2 = h/2,\quad q_2 = 0.42S_y/h$$

$$q_{23} = \frac{S_y}{h^3}(0.42h^2 + 3.42hs_2 - 3.42s_2^2)$$

Z 形梁截面剪流分布如图 4-30 所示。

[**例 4-6**] 计算小开口圆形截面的剪流分布,S_y 作用在弯心上。

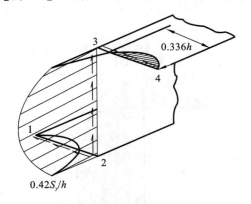

图 4-30 Z 形梁截面剪流分布

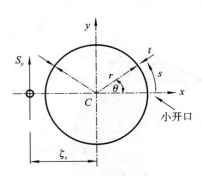

图 4-31 例 4-6 的小开口圆形截面

解

$$q_s = -(S_y/I_{xx})\int_0^s ty\,\mathrm{d}s$$

形心主矩为

$$I_{xx} = \pi r^3 t$$

则

$$q_s = -\frac{S_y}{\pi r^3 t}\int_0^s ty\,\mathrm{d}s$$

由

$$\mathrm{d}s = r\mathrm{d}\theta, \quad y = r\sin\theta$$

可得:

$$q_\theta = -\frac{S_y}{\pi r^3 t}\int_0^\theta tr\sin\theta r\,\mathrm{d}\theta$$

即

$$q_\theta = -\frac{S_y}{\pi r}\int_0^\theta \sin\theta\mathrm{d}\theta$$

$$q_\theta = -\frac{S_y}{\pi r}\cos\theta\,\Big|_0^\theta$$

进而

$$q_\theta = \frac{S_y}{\pi r}(\cos\theta - 1)$$

可以求出 $\theta = 0, q_0 = 0; \theta = \pi, q_\pi = -2S_y/(\pi r)$。

小开口圆形截面剪流分布如图 4-32 所示。

4.4.2 开剖面的弯心

弯心的定义:剪流合力作用点称为开剖面的剪切

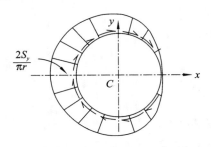

图 4-32 小开口圆形截面剪流分布

中心或弯曲中心，简称弯心。

如图 4-33 所示，由合力矩定理（又称瓦里尼翁定理：当力系有合力，其合力对任一点（轴）的力矩等于力系的各力对该点（轴）力矩的向量（代数）和），S_y 对任意点 O 的力矩应等于其引起的剪流对同一点的力矩，即

$$S_y \cdot \bar{x} = \int_s q\rho \mathrm{d}s \qquad (4\text{-}63)$$

式中：$\bar{x}$ 为弯心相对于力矩中心的 x 方向距离；ρ 为微段 $\mathrm{d}s$ 上的剪流合力 $q\mathrm{d}s$ 到力矩中心的垂直距离。

同理，S_x 对任意点 O 的力矩也应等于其引起的剪流对同一点的力矩，即

$$S_x \cdot \bar{y} = \int_s q\rho \mathrm{d}s \qquad (4\text{-}64)$$

式中：$\bar{y}$ 为弯心相对于力矩中心的 y 方向距离。

由弯心的定义可知，当剖面几何有一个对称轴时，弯心必在此对称轴上。对于图 4-34 所示的十字形或角形截面，弯心位于边的交点处。

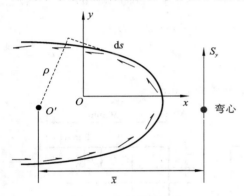

图 4-33　开剖面的弯心

图 4-34　弯心的位置

[**例 4-7**]　计算槽形截面的弯心。壁厚为 t。

解　开剖面剪流计算公式为

$$q_s = -\frac{S_y}{I_{xx}} \int_0^s ty \mathrm{d}s$$

其中

$$I_{xx} = 2bt\left(\frac{h}{2}\right)^2 + \frac{th^3}{12} = \frac{h^3 t}{12}\left(1 + \frac{6b}{h}\right)$$

则

$$q_s = \frac{-12S_y}{h^3(1+6b/h)} \int_0^s y \mathrm{d}s$$

下缘条 12，$y = -h/2$，

$$q_{12} = \frac{6S_y}{h^2(1+6b/h)} s_1$$

对腹板 23 中点取矩，则

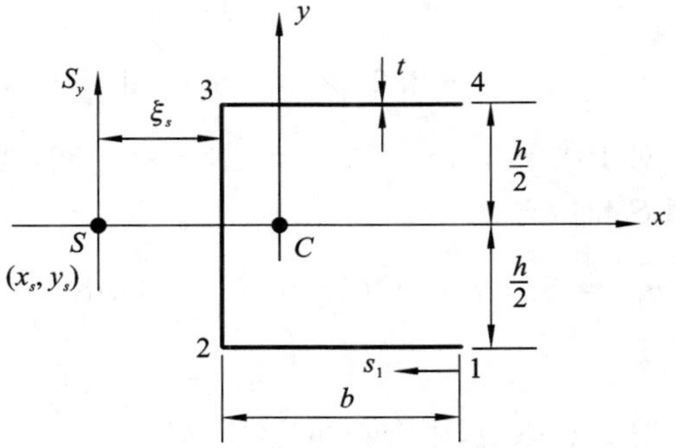

$$S_y \xi_s = 2\int_0^b q_{12} \frac{h}{2} \mathrm{d}s_1$$

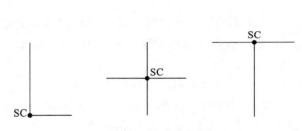

图 4-35　例 4-7 的槽形截面

将剪流计算结果代入上式,可得:

$$S_y\xi_s = 2\int_0^b \frac{6S_y}{h^2(1+6b/h)}\frac{h}{2}s_1\mathrm{d}s_1$$

求得:

$$\xi_s = \frac{3b^2}{h(1+6b/h)}$$

[**例 4-8**] 计算如图 4-36 所示的小开口圆形截面的弯心。壁厚为 t。

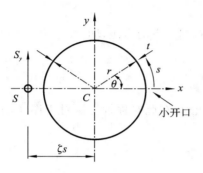

解 由例 4-6 可知,

$$q_\theta = S_y(\cos\theta - 1)/(\pi r)$$

对 C 点取矩

$$S_y\xi_s = -\int_0^{2\pi} q_\theta r\mathrm{d}s = -\int_0^{2\pi} q_\theta r^2\mathrm{d}\theta$$

即

$$S_y\xi_s = -(S_y r/\pi)\int_0^{2\pi}(\cos\theta - 1)\mathrm{d}\theta$$

$$\xi_s = -(r/\pi)(\sin\theta - \theta)\Big|_0^{2\pi}$$

图 4-36　例 4-8 的小开口圆形截面

可得:

$$\xi_s = 2r$$

[**例 4-9**] 计算如图 4-37 所示的梁截面的弯心。壁厚皆为 2 mm。

解 首先计算出截面形心,以及惯性矩和惯性积。

$$\overline{y} = 20\text{ mm}, \quad \overline{x} = 12.5\text{ mm}$$

$$I_{xx} = 108333\text{ mm}^4, \quad I_{yy} = 54689\text{ mm}^4$$

$$I_{xy} = 31250\text{ mm}^4$$

开剖面剪流计算公式为

$$q_s = 1.26\times10^{-5}S_y\int_0^s x\mathrm{d}s$$

$$- 2.21\times10^{-5}S_y\int_0^s y\mathrm{d}s$$

对于缘条 34,$x = 12.5 - s$ 及 $y = -30$,当作用 S_y 时,有

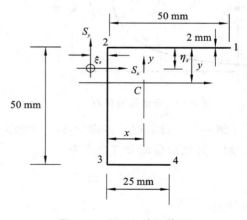

图 4-37　例 4-9 的梁截面

$$q_{43} = S_y\times10^{-5}\int_0^s(82.05 - 1.26s)\mathrm{d}s$$

$$q_{43} = S_y\times10^{-5}(82.05s - 0.63s^2)$$

对 2 点取矩,由合力矩定理

$$S_y\xi_s = \int_0^{25} q_{43}\times50\mathrm{d}s$$

$$\xi_s = 11.2\text{ mm}$$

同理,当作用 S_x 时,也对 2 点取矩,即

$$q_{43} = S_x\times10^{-5}(2.19s^2 - 92.55s)$$

$$S_x \eta_s = -\int_0^{25} q_{43} \times 50 \mathrm{d}s$$

$$\eta_s = 7.2 \text{ mm}$$

4.4.3　闭剖面弯曲剪流计算

如图 4-38 所示的闭剖面薄壁工程梁，截面上剪力为 S_x 和 S_y。

由式(4-60)，若 s 的原点取在横截面的任一点，作为 s 的起点，有

$$q_s - q_{s,0} = -\left(\frac{S_x I_x - S_y I_{xy}}{I_x I_y - I_{xy}^2}\right)\int_0^s tx\,\mathrm{d}s$$
$$- \left(\frac{S_y I_y - S_x I_{xy}}{I_x I_y - I_{xy}^2}\right)\int_0^s ty\,\mathrm{d}s$$

(4-65)

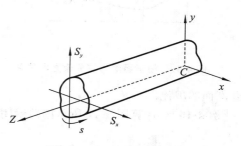

图 4-38　闭剖面薄壁工程梁

即

$$q_s = -\left(\frac{S_x I_x - S_y I_{xy}}{I_x I_y - I_{xy}^2}\right)\int_0^s tx\,\mathrm{d}s - \left(\frac{S_y I_y - S_x I_{xy}}{I_x I_y - I_{xy}^2}\right)\int_0^s ty\,\mathrm{d}s + q_{s,0} \tag{4-66}$$

通过对式(4-61)和式(4-66)的比较观察到，式(4-66)右侧的前两项表示通过其弯心加载的开口截面梁中的剪切流分布，这也给出了一种求解闭剖面弯曲剪流的方法。用 q_b 表示这个"开"剖面或"基本"剪流，式(4-66)可写为

$$q_s = q_b + q_{s,0} \tag{4-67}$$

即单闭室剖面的剪流 q_s 等于将单闭室剖面切开后的开剖面剪流 q_b 与切口处的剪流 $q_{s,0}$ 之和。

如图 4-39 所示，切口处的剪流由合力矩定理求出，即

$$S_x \eta_0 - S_y \xi_0 = \oint pq\,\mathrm{d}s = \oint pq_b\,\mathrm{d}s + q_{s,0}\oint p\,\mathrm{d}s \tag{4-68}$$

式中：η_0、ξ_0 为剪力至矩心点的距离；p 为矩心点至剪流方向的垂直距离。

由

$$\mathrm{d}A = \frac{1}{2}p\,\mathrm{d}s, \quad \oint \mathrm{d}A = \frac{1}{2}\oint p\,\mathrm{d}s, \quad \oint p\,\mathrm{d}s = 2A \tag{4-69}$$

则式(4-68)可简化为

$$S_x \eta_0 - S_y \xi_0 = \oint pq_b\,\mathrm{d}s + 2Aq_{s,0} \tag{4-70}$$

式中：A 为剖面图线围成的面积。

(1) 计算单闭室剖面剪流的步骤如下：

①首先选择一适当切口(见图 4-40)，将单闭室剖面切开为开剖面，计算开剖面剪流。

②然后利用剖面的力矩平衡方程，求出切口处的剪流，切口处剪流的方向则是由力矩平衡方程的解确定的。

③最后，将这两部分剪流叠加，便得到剖面的总剪流。

(2) 选择适当的切口和力矩极点，可以使计算变得简单。例如，若剖面有对称轴，载荷作用在对称线上，此时取切口在剖面的对称轴上时，切口处的剪流为零，单闭室剖面的剪流就等

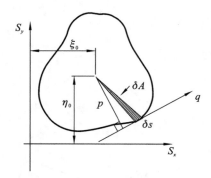

图 4-39　闭剖面剪力与剪流之间关系

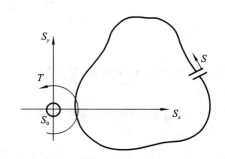

图 4-40　选择切口

于开剖面的剪流。

[例 4-10]　计算图 4-41 所示的薄壁闭剖面的剪流分布。所有板元厚度都为 t。

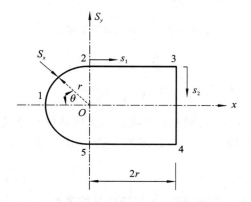

图 4-41　例 4-10 的薄壁闭剖面的剪流分布

解　由闭剖面剪流计算公式

$$q_s = -(S_y/I_{xx})\int_0^s ty\,ds + q_{s,0}$$

形心主矩为

$$I_{xx} = \pi tr^3/2 + 2 \times 2rt \times r^2 + t(2r)^3/12 = 6.24tr^3$$

假想在点 1 处切开，则开剖面剪流

$$q_{b,12} = -(S_y/I_{xx})\int_0^\theta tr\sin\theta r\,d\theta$$

求得：

$$q_{b,12} = 0.16(S_y/r)\cos\theta\,|_0^\theta$$

即

$$q_{b,12} = 0.16(S_y/r)(\cos\theta - 1)$$

2 点剪流为

$$\theta = \pi/2, \quad q_{b,2} = -0.16(S_y/r)$$

对于边 23

$$q_{b,23} = -(S_y/I_{xx})\int_0^{s_1} tr\,ds_1 - 0.16(S_y/r)$$

可得：

$$q_{b,23} = -0.16(S_y/r^2)(s_1 + r)$$
$$s_1 = 2r$$

3 点剪流为

$$q_{b,23} = -0.48(S_y/r)$$

对于边 34

$$q_{b,34} = -0.16(S_y/tr^3)\int_0^{s_2} t(r - s_2)\,ds_2 - 0.48(S_y/r)$$

可得：

$$q_{b,34} = -0.16(S_y/r^3)(rs_2 - 0.5s_2^2 + 3r^2)$$

其余部分的剪流分布可由对称性得到。

剪力和剪流都对 O 点取矩,由合力矩定理,可得:

$$0 = 2\left(\int_0^{\pi/2} q_{b,12} r^2 \mathrm{d}\theta + \int_0^{2r} q_{b,23} r \mathrm{d}s_1 + \int_0^r q_{b,34} 2r \mathrm{d}s_2\right) + 2(4r^2 + \pi r^2/2) q_{s,0}$$

可得开口处的未知剪流

$$q_{s,0} = 0.32 S_y/r$$

闭剖面剪流为开剖面剪流与开口处剪流之和:

$$q_{12} = 0.16(S_y/r^3)(r^2\cos\theta + r^2)$$

$$q_{23} = 0.16(S_y/r^3)(r^2 - rs_1)$$

$$q_{34} = 0.16(S_y/r^3)(0.5s_2^2 - rs_2 - r^2)$$

闭剖面剪流如图 4-42 所示。

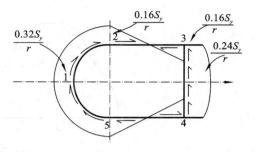

图 4-42　闭剖面剪流

4.4.4　应力、应变与位移的关系

如图 4-21 所示的单元体,法向正应力 σ_z 和周向正应力 σ_s 分别产生纵向线应变 ε_z 和周向线应变 ε_s,剪应力 τ 产生切应变 γ。

如图 4-43 所示,V_t 是 xy 平面内的切线位移,沿 s 正方向为正。V_n 是 xy 平面内的法线位移,指向外为正。ω 是轴线方向位移,线应变为

$$\varepsilon_z = \frac{\partial \omega}{\partial z} \tag{4-71}$$

切应变如图 4-44 所示,有

$$\gamma = \phi_1 + \phi_2 \tag{4-72}$$

即

$$\gamma = \frac{\partial \omega}{\partial s} + \frac{\partial v_t}{\partial z} \tag{4-73}$$

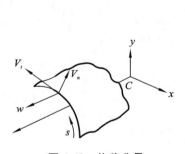

图 4-43　位移分量

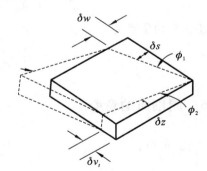

图 4-44　单元体剪切变形

如图 4-45 所示,由剖面无畸变假设,可认为剖面投影就像一个刚体在自身平面上运动,包括平动和转动,各点位移可以通过 u、v、θ 表示。

切线方向位移为

$$v_t = p\theta + u\cos\psi + v\sin\psi \tag{4-74}$$

当结构纯扭转时,在剖面上总可以找到这样一个点 R,该点在扭转时只有旋转而无线位

移。该点称为剖面的"扭转中心"，或简称为"扭心"。扭心指仅在扭矩载荷作用下，截面绕以转动的转动中心。

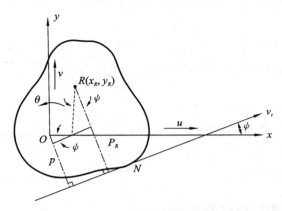

图 4-45　位移分量及扭心的位置

相对于扭心 R 的纯转动

$$v_t = p_R \theta \tag{4-75}$$

由图 4-45 可知，

$$p_R = p - x_R \sin\psi + y_R \cos\psi \tag{4-76}$$

将式(4-76)代入式(4-75)，可得：

$$v_t = p\theta - x_R\theta\sin\psi + y_R\theta\cos\psi \tag{4-77}$$

求导可得：

$$\frac{\partial v_t}{\partial z} = p\,\frac{\mathrm{d}\theta}{\mathrm{d}z} - x_R\sin\psi\,\frac{\mathrm{d}\theta}{\mathrm{d}z} + y_R\cos\psi\,\frac{\mathrm{d}\theta}{\mathrm{d}z} \tag{4-78}$$

再对式(4-74)求导，可得：

$$\frac{\partial v_t}{\partial z} = p\,\frac{\mathrm{d}\theta}{\mathrm{d}z} + \frac{\mathrm{d}u}{\mathrm{d}z}\cos\psi + \frac{\mathrm{d}v}{\mathrm{d}z}\sin\psi \tag{4-79}$$

所以扭心 R 的位置为

$$x_R = -\frac{\mathrm{d}v/\mathrm{d}z}{\mathrm{d}\theta/\mathrm{d}z}, \quad y_R = \frac{\mathrm{d}u/\mathrm{d}z}{\mathrm{d}\theta/\mathrm{d}z} \tag{4-80}$$

4.4.5　闭剖面的弯心

由式(4-73)可得：

$$q_s = Gt\left(\frac{\partial w}{\partial s} + \frac{\partial v_t}{\partial z}\right) \tag{4-81}$$

将式(4-79)代入式(4-81)，可得：

$$\frac{q_s}{Gt} = \frac{\partial w}{\partial s} + p\,\frac{\mathrm{d}\theta}{\mathrm{d}z} + \frac{\mathrm{d}u}{\mathrm{d}z}\cos\psi + \frac{\mathrm{d}v}{\mathrm{d}z}\sin\psi \tag{4-82}$$

关于 s 进行积分，可得：

$$\int_0^s \frac{q_s}{Gt}\mathrm{d}s = \int_0^s \frac{\partial w}{\partial s}\mathrm{d}s + \frac{\mathrm{d}\theta}{\mathrm{d}z}\int_0^s p\,\mathrm{d}s + \frac{\mathrm{d}u}{\mathrm{d}z}\int_0^s \cos\psi\,\mathrm{d}s + \frac{\mathrm{d}v}{\mathrm{d}z}\int_0^s \sin\psi\,\mathrm{d}s \tag{4-83}$$

即

$$\int_0^s \frac{q_s}{Gt}\mathrm{d}s = \int_0^s \frac{\partial\omega}{\partial s}\mathrm{d}s + \frac{\mathrm{d}\theta}{\mathrm{d}z}\int_0^s p\,\mathrm{d}s + \frac{\mathrm{d}u}{\mathrm{d}z}\int_0^s \mathrm{d}x + \frac{\mathrm{d}v}{\mathrm{d}z}\int_0^s \mathrm{d}y \tag{4-84}$$

进而

$$\int_0^s \frac{q_s}{Gt}\mathrm{d}s = (\omega_s - \omega_0) + 2A_{0s}\frac{\mathrm{d}\theta}{\mathrm{d}z} + \frac{\mathrm{d}u}{\mathrm{d}z}(x_s - x_0) + \frac{\mathrm{d}v}{\mathrm{d}z}(y_s - y_0) \tag{4-85}$$

对于闭剖面

$$\oint \frac{q_s}{Gt}\mathrm{d}s = 2A\frac{\mathrm{d}\theta}{\mathrm{d}z} \tag{4-86}$$

进而可得扭转角：

$$\frac{\mathrm{d}\theta}{\mathrm{d}z} = \frac{1}{2A}\oint \frac{q_s}{Gt}\mathrm{d}s \tag{4-87}$$

若在闭剖面弯心 S 上施加 S_y，则扭转角为 0，即

$$0 = \oint \frac{q_s}{Gt}\mathrm{d}s, \quad 0 = \oint \frac{1}{Gt}(q_b + q_{s,0})\mathrm{d}s \tag{4-88}$$

可得：

$$q_{s,0} = -\frac{\oint (q_b/Gt)\mathrm{d}s}{\oint \mathrm{d}s/Gt} \tag{4-89}$$

若 Gt 为常量，则

$$q_{s,0} = -\frac{\oint q_b\,\mathrm{d}s}{\oint \mathrm{d}s} \tag{4-90}$$

求出 $q_{s,0}$ 后，再通过式(4-91)即可求得闭剖面上的剪流：

$$q_s = q_b + q_{s,0} \tag{4-91}$$

进而，通过合力矩定理即可求解出闭剖面的弯心位置。

4.5　单闭室薄壁工程梁的扭转

如图 4-46 所示，在没有轴向约束的情况下，承受纯扭矩 T 的单闭室薄壁工程梁，不会产生正应力。

此处重写式(4-54)：

$$\frac{\partial q}{\partial s} + t\frac{\partial \sigma_z}{\partial z} = 0 \tag{4-92}$$

内力只为扭矩时，截面上无正应力，则

$$\partial q/\partial s = 0 \tag{4-93}$$

即剖面内 q 为常剪流。如图 4-47 所示，有

$$T = \oint pq\,\mathrm{d}s \tag{4-94}$$

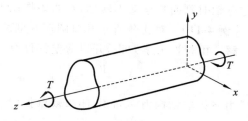

图 4-46　闭剖面的扭转

再由

$$\oint p\,\mathrm{d}s = 2A \tag{4-95}$$

可得：

$$T = 2Aq \tag{4-96}$$

即剪流为

$$q = \frac{T}{2A} \tag{4-97}$$

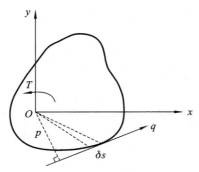

图 4-47　闭剖面扭转情况下剪流分布求解

式(4-97)为单闭室剖面在扭矩作用下剪流的计算公式,又称为 Bredt(布雷特)公式。

(1) 具有单闭室剖面的薄壁结构在纯扭矩作用下,剖面上的剪流为一常数,剪流的大小只与扭矩大小及剖面周线所围面积有关,而与壁厚及剖面的几何形状无关。

(2) 在剖面周边长度一定的情况下,为了提高单闭室剖面薄壁结构的承扭能力,应尽可能扩大剖面周边所围的面积。

(3) 而对于周边各处厚度不相同的剖面,各处的剪应力也是不同的,在厚度最小处,其剪应力越大。

由式(4-87)可知 Bredt 常剪流 q 下的扭转角为

$$\frac{\mathrm{d}\theta}{\mathrm{d}z} = \frac{q}{2A}\oint\frac{\mathrm{d}s}{Gt} \tag{4-98}$$

式(4-97)和(4-98)给出了单闭室薄壁工程梁在扭转情况下的强度和刚度计算公式。

关于弯心和扭心的几点：

(1) 当结构扭转时,在剖面上总可以找到这样一个点,该点在扭转时只有旋转而无线位移,该点称为剖面的"扭转中心",或简称为"扭心"。

(2) 根据位移互等定理可以证明,剖面的弯心与扭心是重合的。令剖面弯心的位置为"1",扭心的位置为"2"。当单位力通过"1"点时,在"2"点引起的转角为零,即 $\delta_{21}=0$。当单位扭矩作用于剖面上时,则剖面上除了"2"无线位移外,其他各点均将由于角位移而形成相应的线位移,即 $\delta_{12}\neq0$。这一结果与位移互等定理相矛盾。只有当 $\delta_{12}=0$ 时,才能满足位移互等定理。所以"1"点和"2"必须是重合的。这就证明了弯心与扭心是一个点。

(3) 闭剖面的弯心就是扭心,通常也称为刚心。显然,弯轴与扭轴也是重合的。因为剪力通过弯轴时剖面只移动不转动,在扭矩作用下只转动而不移动,因此也称为刚轴。

[例 4-11]　对比分析小开口圆形开剖面和圆形闭剖面(见图 4-48)的刚度和强度。

解　由弹性力学知识,开口薄壁杆件有

$$\frac{\mathrm{d}\theta}{\mathrm{d}z} = \frac{T}{GJ}, \quad \tau_{\max} = \frac{T}{J}b, \quad J = \sum\frac{1}{3}ab^3$$

由飞行器结构力学知识,闭口薄壁杆件有

$$\frac{\mathrm{d}\theta}{\mathrm{d}z} = \frac{T}{GJ}, \quad q = \frac{T}{2A}, \quad J = \frac{4A^2}{\oint\mathrm{d}s/t}$$

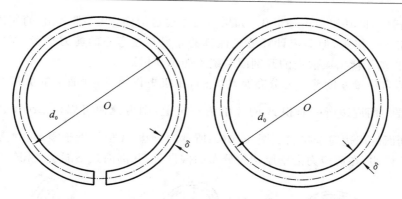

图 4-48 例 4-11 的小开口圆形开剖面和圆形闭剖面

则

$$\theta_{\text{open}} = \frac{3T}{\pi d_0 \delta^3 G}, \quad \tau_{\text{open,max}} = \frac{3T}{\pi d_0 \delta^2}$$

$$\theta_{\text{close}} = \frac{Tl}{4A^2 G\delta} = \frac{T\pi d_0}{4(\pi d_0^2/4)^2 G\delta} = \frac{4T}{\pi d_0^3 G\delta}$$

$$\tau_{\text{close,max}} = \frac{T}{2A\delta} = \frac{T}{2(\pi d_0^2/4)\delta} = \frac{2T}{\pi d_0^2 \delta}$$

有

$$\frac{\theta_{\text{open}}}{\theta_{\text{close}}} = \frac{3}{4}\left(\frac{d_0}{\delta}\right)^2, \quad \frac{\tau_{\text{open,max}}}{\tau_{\text{close,max}}} = \frac{3}{2}\left(\frac{d_0}{\delta}\right)$$

图 4-49 给出了小开口圆形截面和圆形闭剖面的剪流分布。闭口薄壁管内剪应力均匀分布,因此抗扭转时的材料利用率高;而开口薄壁管内剪应力沿着壁厚线性变化,内外壁剪应力方向相反,壁厚中线上则为零。因此,抗扭时的材料利用率低。

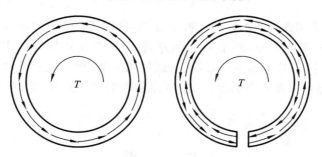

图 4-49 小开口圆形截面和圆形闭剖面的剪流分布

4.6 开剖面到底能否承扭

在弹性力学中,开剖面是可以承扭的;在薄壁工程梁理论中,开剖面是不能承扭的,为何?首先给出国内教材的两种解释。

解释 1:对于开剖面,剪流要作用在其弯心上。剪流的合力就是作用在该剖面上的总剪力,剪力必定作用在和剪流合力作用点相同的位置上。当剪力通过剖面的弯心时,结构只发生弯曲,不发生扭转,即其扭转角等于 0。如果剪力不通过剖面弯心,那么,它的作用相当于通过弯心的剪力和一个扭矩,但剪流计算公式计算的 q 只与过弯心的剪力平衡,而扭矩则无法平衡。由此说明,基于薄壁梁假设的开剖面系统不能承受扭矩。

解释 2:假定沿壁厚度剪应力分布是均匀的,在扭矩作用下,剖面上的剪流为沿周边的等值剪流 q,只要剖面周边所围面积 A 的 2 倍为一定值,则剪流便可以由 Bredt 公式 $q=\dfrac{T}{2A}$ 求得。如果将剖面的周边完全挤扁成图 4-50(c)所示的形状,A 值接近于零,此时,剪流 q 将接近于无穷大。这说明,在剪应力沿壁厚均匀分布的假设下,开剖面是不能承受扭矩的。

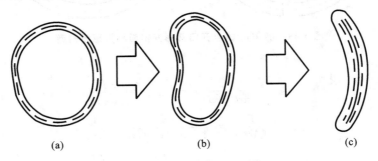

(a)　　　　　　　　(b)　　　　　　　　(c)

图 4-50　闭剖面变为开剖面

给出本教材的解释如下。

在理论力学中平面力系的简化结果为:①若力系主矢为 0,主距为 0,则原力系为一平衡力系;②若力系主矢为 0,主距不为 0,则原力系简化为一个力偶;③若力系主矢不为 0,则原力系最终简化为一个力。薄壁工程梁理论中剖面上切应力 τ 沿壁厚均匀分布,切应力 τ 平行于壁中线的切线。τds 为微段上微小的力,开剖面或闭剖面上这无数个微小的力构成一个平面任意力系。

对于开剖面,因为剖面轴线组成的平面不封闭,所以这个平面任意力系主矢必不为 0,该力系最终简化结果必是一个力,而不是一个力偶,不能与使得构件产生扭转的外力力偶相平衡,开剖面不能承扭。对于闭剖面,因为剖面轴线封闭,所以这个平面任意力系可以为 0,该力系最终简化结果可以是一个力偶,与使得构件产生扭转的外力力偶相平衡,闭剖面可以承扭。

习　题

1. 简述开剖面和闭剖面薄壁工程梁截面弯心的概念。为什么开剖面剪流的求解要求剪力作用在弯心上,而闭剖面对剪力作用位置没有要求?

2. 结合单闭室的弯心和扭心的定义,说明为什么弯心和扭心是重合的?

3. 如图 4-51 所示的薄壁单对称工字形截面,证明弯心距离腹板的距离为

$$\frac{\xi_s}{d}=\frac{3\rho(1-\beta)}{1+12\rho}$$

式中:$\rho=d/h$。相对于其他尺寸壁厚 t 可以忽略。

4. 计算图 4-52 所示的开剖面的弯心。

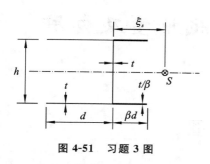

图 4-51　习题 3 图

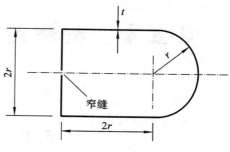

图 4-52　习题 4 图

5. 计算图 4-53 所示的闭剖面的剪流和弯心。

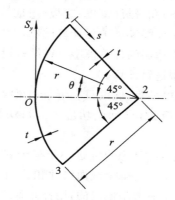

图 4-53　习题 5 图

第五章 板杆式薄壁简化模型及应用

5.1 简 化 模 型

飞行器结构广泛采用薄壁结构,一般由横向骨架(机身的隔框、机翼的翼肋)、纵向骨架(机身的桁梁、桁条,机翼的翼梁、桁条)和薄板(蒙皮、腹板)组成。这种结构各元件之间的连接是比较复杂的,在结构分析中既要保证能满足工程计算的精度要求,又要使计算简单方便,因而必须采用一些简化假设,以便建立适用的计算模型。在结构设计初期,为了快速评估方案的可行性,可采用板杆式薄壁简化模型进行计算。

飞行器结构板杆式薄壁简化模型为:假设只有桁条和梁缘条承受正应力,简化为承受正应力的杆;而腹板和蒙皮不承受正应力,只承受切应力。每块板与周围的杆之间以剪流相互作用。

如图 5-1 和图 5-2 所示,长桁和梁缘条尺寸远小于整个截面的尺寸。因此,由弯矩产生的长桁和梁缘条上的正应力变化很小。与整个截面尺寸相比,长桁形心与相邻蒙皮中线距离很近。所以可以假设长桁截面上的正应力是恒定的,用杆元素代替长桁和梁缘条,其截面上正应力为常量,且该集中面积位于蒙皮的中线上。

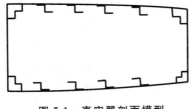
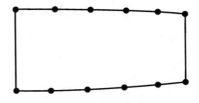

图 5-1 真实翼剖面模型　　　　　　图 5-2 简化翼剖面模型

长桁和梁缘条承担大部分的正应力,而蒙皮主要用于承担剪切应力,尽管它也承担一部分正应力。进一步假设所有正应力都由集中载荷承担,蒙皮只承受切应力,而将蒙皮承受正应力的能力折算到相邻的集中面积上。

如图 5-3 所示,将厚度为 t_D 的平板承受正应力的能力折算到两个杆元(面积为 B_1 和 B_2)上。由静力等效,即

$$\sigma_2 t_D \frac{b^2}{2} + \frac{1}{2}(\sigma_1 - \sigma_2) t_D b \frac{2}{3} b = \sigma_1 B_1 b \tag{5-1}$$

可以求出

$$B_1 = \frac{t_D b}{6}\left(2 + \frac{\sigma_2}{\sigma_1}\right) \tag{5-2}$$

同理

$$B_2 = \frac{t_D b}{6}\left(2 + \frac{\sigma_1}{\sigma_2}\right) \tag{5-3}$$

图 5-3(a)所示的正应力由轴力和弯矩共同产生。对于纯轴压,$\sigma_1/\sigma_2 = 1$,等效面积 $B_1 = B_2 = t_D b/2$。对于纯弯曲,$\sigma_1/\sigma_2 = -1$,等效面积 $B_1 = B_2 = t_D b/6$。

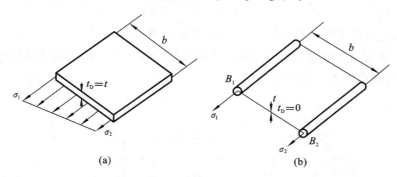

图 5-3　平板承受正应力模型

(a)平板模型;(b)等效杆模型

[**例 5-1**]　如图 5-4(a)所示的真实机翼剖面,长桁和翼梁缘条面积均为 $300~\text{mm}^2$,截面承受的弯矩作用在垂直平面内。图 5-4(b)所示的为板杆式薄壁简化模型,求简化模型中杆元的面积。

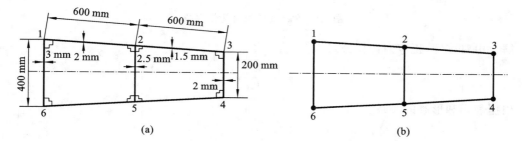

图 5-4　例 5-1 的模型

(a)真实机翼模型;(b)简化模型

解　由式(5-2)可得:

$$B_1 = 300 + \frac{3.0 \times 400}{6}\left(2 + \frac{\sigma_6}{\sigma_1}\right) + \frac{2.0 \times 600}{6}\left(2 + \frac{\sigma_2}{\sigma_1}\right)$$

即

$$B_1 = 300 + \frac{3.0 \times 400}{6}(2 - 1) + \frac{2.0 \times 600}{6}\left(2 + \frac{150}{200}\right)$$

$$B_1(=B_6) = 1050~\text{mm}^2$$

同理,

$$B_3 = 300 + \frac{1.5 \times 600}{6}\left(2 + \frac{\sigma_2}{\sigma_3}\right) + \frac{2.0 \times 200}{6}\left(2 + \frac{\sigma_4}{\sigma_3}\right)$$

$$= 300 + \frac{1.5 \times 600}{6}\left(2 + \frac{150}{100}\right) + \frac{2.0 \times 200}{6}(2 - 1)$$

$$B_3(=B_4) = 891.7~\text{mm}^2$$

$$B_2 = 2 \times 300 + \frac{2.0 \times 600}{6}\left(2 + \frac{\sigma_1}{\sigma_2}\right) + \frac{2.5 \times 300}{6}\left(2 + \frac{\sigma_5}{\sigma_2}\right) + \frac{1.5 \times 600}{6}\left(2 + \frac{\sigma_3}{\sigma_2}\right)$$

$$= 2 \times 300 + \frac{2.0 \times 600}{6}\left(2 + \frac{200}{150}\right) + \frac{2.5 \times 300}{6}(2 - 1) + \frac{1.5 \times 600}{6}\left(2 + \frac{100}{150}\right)$$

$$B_2(=B_5) = 1791.7 \ \text{mm}^2$$

思考：若承受的弯矩作用在水平面内，板杆式简化模型有区别吗？

[例 5-2] 机身简化模型如图 5-5 所示。截面上弯矩为 100 kN·m，作用在 yCz 平面上。计算机身简化模型中杆单元的正应力。

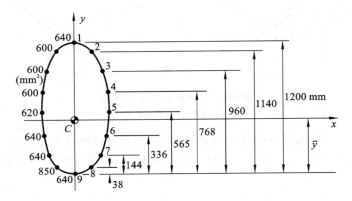

图 5-5 例 5-2 的机身简化模型

解 由对称性，正应力计算公式为

$$\sigma_z = \frac{M_x}{I_{xx}}y$$

根据静矩和形心的关系

$$(6 \times 640 + 6 \times 600 + 2 \times 620 + 2 \times 850)\overline{y}$$

$$= 640 \times 1200 + 2 \times 600 \times 1140 + 2 \times 600 \times 960 + 2 \times 600 \times 768$$

$$+ 2 \times 620 \times 565 + 2 \times 640 \times 336 + 2 \times 640 \times 144 + 2 \times 850 \times 38$$

可得：

$$\overline{y} = 540 \ \text{mm}$$

应力计算过程如表 5-1 所示。整个剖面的形心主矩为 $I_{xx} = 1,854 \times 10^6 \ \text{mm}^4$。

表 5-1 例 5-2 的计算过程

杆	y/mm	B/mm^2	$\Delta I_{xx} = By^2/\text{mm}^4$	$\sigma_z/(\text{N/mm}^2)$
1	660	640	2.78E+08	35.6
2	600	600	2.16E+08	32.3
3	420	600	1.06E+08	22.6
4	228	600	3.10E+07	12.3
5	25	620	4.00E+05	1.3
6	−204	640	2.70E+07	−11

杆	y/mm	B/mm^2	$\Delta I_{xx} = By^2/\text{mm}^4$	$\sigma_z/(\text{N}/\text{mm}^2)$
7	-396	640	1.00E+08	-21.4
8	-502	850	2.14E+08	-27
9	-540	640	1.87E+08	-29

5.2 简化模型的剪流计算

5.2.1 开剖面简化模型的剪流计算

第四章给出了非简化模型开剖面的剪流计算方法。开剖面简化模型如图 5-6(a)所示,板元不承受正应力,只承受切应力。开剖面弯心上作用了剪力 S_x 和 S_y。

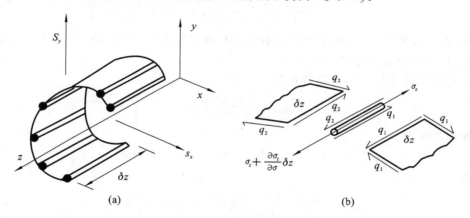

图 5-6 开剖面简化模型

(a)开剖面简化模型;(b)杆的平衡

非简化模型开剖面剪流计算公式为

$$q_s = -\left(\frac{S_x I_{xx} - S_y I_{xy}}{I_{xx} I_{yy} - I_{xy}^2}\right)\int_0^s t_D x \, \mathrm{d}s - \left(\frac{S_y I_{yy} - S_x I_{xy}}{I_{xx} I_{yy} - I_{xy}^2}\right)\int_0^s t_D y \, \mathrm{d}s \tag{5-4}$$

式中:t_D 为板元的厚度。

如图 5-6(b)所示,对于横截面积为 B_r 的杆,假设相邻蒙皮中的剪切流为 q_1 和 q_2,由杆元平衡,即

$$\left(\sigma_z + \frac{\partial \sigma_z}{\partial z}\delta z\right)B_r - \sigma_z B_r + q_2 \delta z - q_1 \delta z = 0 \tag{5-5}$$

进而可得:

$$q_2 - q_1 = -\frac{\partial \sigma_z}{\partial z}B_r \tag{5-6}$$

参考式(4-55),应力与弯矩之间的关系式如下:

$$\frac{\partial \sigma_z}{\partial z} = \frac{[(\partial M_y/\partial z)I_{xx} - (\partial M_x/\partial z)I_{xy}]}{I_{xx}I_{yy} - I_{xy}^2}x + \frac{[(\partial M_x/\partial z)I_{yy} - (\partial M_y/\partial z)I_{xy}]}{I_{xy}I_{yy} - I_{xy}^2}y \quad (5\text{-}7)$$

代入式(5-6)可得：

$$q_2 - q_1 = -\left[\frac{(\partial M_y/\partial z)I_{xx} - (\partial M_x/\partial z)I_{xy}}{I_{xx}I_{yy} - I_{xy}^2}\right]B_r x_r - \left[\frac{(\partial M_x/\partial z)I_{yy} - (\partial M_y/\partial z)I_{xy}}{I_{xx}I_{yy} - I_{xy}^2}\right]B_r y_r$$

$$(5\text{-}8)$$

则

$$q_2 - q_1 = -\left(\frac{S_x I_{xx} - S_y I_{xy}}{I_{xx}I_{yy} - I_{xy}^2}\right)\sum_{r=1}^{n}B_r x_r - \left(\frac{S_y I_{yy} - S_x I_{xy}}{I_{xx}I_{yy} - I_{xy}^2}\right)\sum_{r=1}^{n}B_r y_r \quad (5\text{-}9)$$

式(5-9)给出了由杆元承受的轴力（$\sigma_z B_r$）导致的剪流变化。沿着 s 路径进行积分，每当遇到一个杆元，剪流才发生改变，即相邻杆元之间的蒙皮剪流为一常量，这也给剪流的计算带来了方便。

如果蒙皮（厚度为 t_D）也承受正应力，且存在桁条，则式(5-9)变为

$$q_s = -\left(\frac{S_x I_{xx} - S_y I_{xy}}{I_{xx}I_{yy} - I_{xy}^2}\right)\left(\int_0^s t_D x \mathrm{d}s + \sum_{r=1}^{n}B_r x_r\right)$$

$$-\left(\frac{S_y I_{yy} - S_x I_{xy}}{I_{xx}I_{yy} - I_{xy}^2}\right)\left(\int_0^s t_D y \mathrm{d}s + \sum_{r=1}^{n}B_r y_r\right) \quad (5\text{-}10)$$

[例 5-3]　计算图 5-7 所示的槽形板杆式简化截面的剪流。4.8 kN 的剪力作用在开剖面的弯心上，杆元集中面积为 300 mm²。

解　对于该题，式(5-10)可以简化为

$$q_s = -\frac{S_y}{I_{xx}}\sum_{r=1}^{n}B_r y_r$$

剖面惯性矩为

$$I_{xx} = 4 \times 300 \times 200^2 \text{ mm}^4 = 48 \times 10^6 \text{ mm}^4$$

则剪流为

$$q_s = -\frac{4.8 \times 10^3}{48 \times 10^6}\sum_{r=1}^{n}B_r y_r = -10^{-4}\sum_{r=1}^{n}B_r y_r$$

1 点右侧剪流为 0，1 点左侧剪流增量为

$$\Delta q_1 = -10^{-4} \times 300 \times 200 \text{ N/mm} = -6 \text{ N/mm}$$

同理可得

$$q_{23} = (-6 - 10^{-4} \times 300 \times 200) \text{ N/mm} = -12 \text{ N/mm}$$

$$q_{34} = [-12 - 10^{-4} \times 300 \times (-200)] \text{ N/mm} = -6 \text{ N/mm}$$

图 5-8 给出了剪流分布。与图 4-24 相比可知，简化模型丧失了剪流的真实分布，而代以剪流的平均值，但也反映了槽形截面的承载特性。如腹板是承受剪力的主要结构，腹板上最大与最小剪流相差不大，基本可以认为是平均分布的。

如图 5-9 所示的二集中面积开剖面（壁不承受正应力），有

$$S_x = \int_1^2 q_{12}\cos\phi \mathrm{d}s \quad (5\text{-}11)$$

因为 q_{12} 为常量，所以

$$S_x = q_{12}\int_1^2 \cos\phi \mathrm{d}s \quad (5\text{-}12)$$

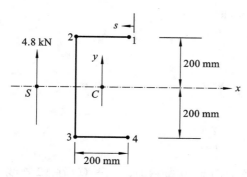
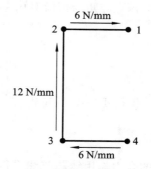

图 5-7　例 5-3 的槽形截面简化模型　　　　图 5-8　例 5-3 的剪流分布

进一步

$$S_x = q_{12} \int_1^2 \mathrm{d}x = q_{12}(x_2 - x_1) \tag{5-13}$$

同理

$$S_y = q_{12}(y_2 - y_1) \tag{5-14}$$

合剪力为

$$S = \sqrt{S_x^2 + S_y^2} = q_{12}\sqrt{(x_2 - x_1)^2 + (y_2 - y_1)^2} \tag{5-15}$$

所以

$$S = q_{12}L_{12} \tag{5-16}$$

剪力大小等于剪流与弦线长度的乘积,其作用线与弦线平行。

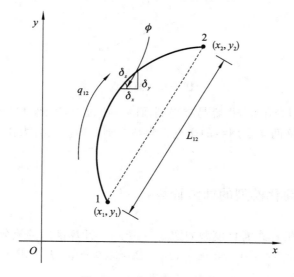

图 5-9　二集中面积开剖面

如图 5-10 所示,剪流对任意 O 点取矩,有

$$M_q = \int_1^2 q_{12}\, p\, \mathrm{d}s = q_{12} \int_1^2 2\mathrm{d}A \tag{5-17}$$

即

$$M_q = 2Aq_{12} \tag{5-18}$$

剪力对该点之矩与剪流对该点之矩相等,即

$$Se = 2Aq_{12} \tag{5-19}$$

可得：

$$e = \frac{2A}{S}q_{12} \tag{5-20}$$

将式(5-16)代入式(5-20),可得：

$$e = \frac{2A}{L_{12}} \tag{5-21}$$

剪流的合力作用线与弦线平行,其位置为图 5-10 所示的 $e = \frac{2A}{L_{12}}$(O 在 12 连线上时,A 是周边与弦线所围面积)。因此,弯心必在此作用线上。

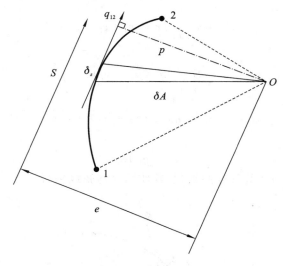

图 5-10　矩心点

如图 5-11 所示的组合图形,很容易求得剖面的弯心位置,因此可以分别确定 1—2 及 2—3 部分的合力作用线,而这两条作用线的交点必为整个剖面剪流的合力作用点,这个点就是剖面的弯心。

5.2.2　闭剖面简化模型的剪流计算

[**例 5-4**]　闭剖面板杆式简化模型如图 5-12 所示。计算剖面剪流分布。简化模型杆元面积 $B_1 = B_8 = 200 \text{ mm}^2$, $B_2 = B_7 = 250 \text{ mm}^2$, $B_3 = B_6 = 400 \text{ mm}^2$, $B_4 = B_5 = 100 \text{ mm}^2$。

解　剖面惯性矩为

$$I_{xx} = 2(200 \times 30^2 + 250 \times 10^2 + 400 \times 10^2 + 100 \times 50^2) \text{ mm}^4 = 13.86 \times 10^6 \text{ mm}^4$$

与非简化模型一样,闭剖面剪流仍等于开剖面剪流与开口处的未知剪流之和。

$$q_s = -\frac{S_y}{I_{xx}} \sum_{r=1}^{n} B_r y_r + q_{s,0}$$

将剪力与惯性矩代入上式,可得：

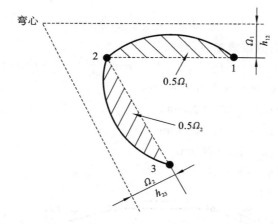

图 5-11　组合剖面

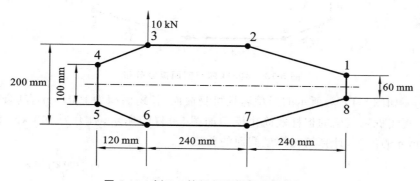

图 5-12　例 5-4 的闭剖面板杆式简化模型

$$q_s = -\frac{10 \times 10^3}{13.86 \times 10^6} \sum_{r=1}^{n} B_r y_r + q_{s,0}$$

$$= -7.22 \times 10^{-4} \sum_{r=1}^{n} B_r y_r + q_{s,0}$$

将板 23 切开,沿 s 积分路径,可得:

$$q_{b,23} = 0$$

$$q_{b,34} = -7.22 \times 10^{-4} (400 \times 100) \text{ N/mm} = -28.9 \text{ N/mm}$$

$$q_{b,45} = -28.9 - 7.22 \times 10^{-4} (100 \times 50) \text{ N/mm} = -32.5 \text{ N/mm}$$

$$q_{b,56} = q_{b,34} = -28.9 \text{ N/mm(对称)}$$

$$q_{b,67} = q_{b,23} = 0(对称)$$

$$q_{b,21} = -7.22 \times 10^{-4} (250 \times 100) \text{ N/mm} = -18.1 \text{ N/mm}$$

$$q_{b,18} = -18.1 - 7.22 \times 10^{-4} (200 \times 30) \text{ N/mm} = -22.4 \text{ N/mm}$$

$$q_{b,87} = q_{b,21} = -18.1 \text{ N/mm(对称)}$$

剪力与剪流皆对 3 到 6 连线与 x 轴交点取矩,由合力矩定理

$$0 = [q_{b,81} \times 60 \times 480 + 2q_{b,12}(240 \times 100 + 70 \times 240) + 2q_{b,23} \times 240 \times 100$$

$$- 2q_{b,43} \times 120 \times 100 - q_{b,54} \times 100 \times 120] + 2 \times 97200 q_{s,0}$$

可以求出

$$q_{s,0} = -5.4 \text{ N/mm}$$

与上述得到的开剖面剪流叠加,可得:

$$q_{21} = (-18.1 + 5.4) \text{ N/mm} = -12.7 \text{ N/mm} = q_{87}$$

$$q_{23} = -5.4 \text{ N/mm} = q_{76}$$

$$q_{34} = -34.3 \text{ N/mm} = q_{65}$$

$$q_{45} = -37.9 \text{ N/mm}$$

$$q_{81} = 17.0 \text{ N/mm}$$

闭剖面剪流分布如图 5-13 所示。

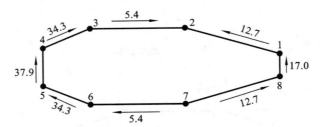

图 5-13　例 5-4 的闭剖面剪流分布

[**例 5-5**]　如图 5-14(a)所示的轻型客机机身截面,长桁面积为 100 mm²,其余尺寸如图 5-14(a)所示。真实机翼截面的板杆式简化模型如图 5-14(b)所示,剪力为 100 kN,作用在距离对称轴 150 mm 的位置,计算简化模型截面的剪流。

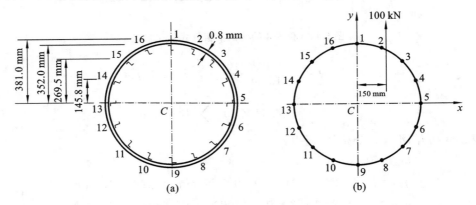

图 5-14　例 5-5 的机身模型
(a)真实模型;(b)简化模型

解　由对称性可知,简化模型中的 $B_1 = B_9$,$B_2 = B_8 = B_{10} = B_{16}$,$B_3 = B_7 = B_{11} = B_{15}$,$B_4 = B_6 = B_{12} = B_{14}$,$B_5 = B_{13}$。

由式(5-2)可得:

$$B_1 = 100 + \frac{0.8 \times 149.6}{6}\left(2 + \frac{\sigma_2}{\sigma_1}\right) + \frac{0.8 \times 149.6}{6}\left(2 + \frac{\sigma_{16}}{\sigma_1}\right)$$

$$= \left[100 + \frac{0.8 \times 149.6}{6}\left(2 + \frac{352.0}{381.0}\right) \times 2\right] \text{mm}^2 = 216.6 \text{ mm}^2$$

同理，

$$B_2 = 216.6 \text{ mm}^2, \quad B_3 = 216.6 \text{ mm}^2, \quad B_4 = 216.7 \text{ mm}^2$$

因为长桁 5 和 13 处于中性轴上，其正应力为 0，所以 $B_5 = B_{13} = 0$。剖面惯性矩为

$$I_{xx} = (2 \times 216.6 \times 381.0^2 + 4 \times 216.6 \times 352.0^2 + 4 \times 216.6 \times 269.5^2$$
$$+ 4 \times 216.7 \times 145.8^2) \text{ mm}^4 = 2.52 \times 10^8 \text{ mm}^4$$

由简化模型闭剖面剪流计算公式可得：

$$q_s = -\frac{S_y}{I_{xx}} \sum_{r=1}^{n} B_r y_r + q_{s,0}$$

将剪力与形心主矩代入上式可得：

$$q_s = \frac{-100 \times 10^3}{2.52 \times 10^8} \sum_{r=1}^{n} B_r y_r + q_{s,0}$$

即

$$q_s = -3.97 \times 10^{-4} \sum_{r=1}^{n} B_r y_r + q_{s,0}$$

将壁板 12 假想切开，计算开剖面的剪流，如表 5-2 所示。由合力矩定理，对 C 点取矩，可得：

$$100 \times 10^3 \times 150 = \oint q_b p \, \mathrm{d}s + 2A q_{s,0}$$

其中

$$A = \pi \times 381.0^2 \text{ mm}^2 = 4.56 \times 10^5 \text{ mm}^2$$

因为各壁板均为常剪流，所以上式可写为

$$100 \times 10^3 \times 150 = -2A_{12} q_{b,12} - 2A_{23} q_{b,23} - \cdots - 2A_{161} q_{b,161} + 2A q_{s,0}$$

A_{12}、A_{23} 等为壁板 12、23 等与 C 围成的扇形区域面积，逆时针为正，则

$$A_{12} = A_{23} = \cdots = A_{161} = 4.56 \times 10^5 / 16 \text{ mm}^2 = 28500 \text{ mm}^2$$

即

$$100 \times 10^3 \times 150 = 2 \times 28,500(-q_{b,12} - q_{b,23} - \cdots - q_{b,161}) + 2 \times 4.56 \times 10^5 q_{s,0}$$
$$100 \times 10^3 \times 150 = 2 \times 28500(-262.4) + 2 \times 4.56 \times 10^5 q_{s,0}$$

可得：

$$q_{s,0} = 32.8 \text{ N/mm}$$

表 5-2　开剖面剪流计算结果

壁板	杆	B_r/mm^2	y_r/mm	$q_b/(\text{N/mm})$
1—2	—	—	—	0
2—3	2	216.6	352	−30.3
3—4	3	216.6	269.5	−53.5
4—5	4	216.7	145.8	−66
5—6	5	—	0	−66
6—7	6	216.7	−145.8	−53.5

壁板	杆	B_r/mm^2	y_r/mm	$q_b/(\mathrm{N/mm})$
7—8	7	216.6	−269.5	−30.3
8—9	8	216.6	−352	0
11—6	1	216.6	381	−32.8
16—15	16	216.6	352	−63.1
15—14	15	216.6	269.5	−86.3
14—13	14	216.6	145.8	−98.8
13—12	13	—	0	−98.8
12—11	12	216.7	−145.8	−86.3
11—10	11	216.6	−269.5	−63.1
10—9	10	216.6	−352	−32.8

最终剪流分布如图 5-15 所示。

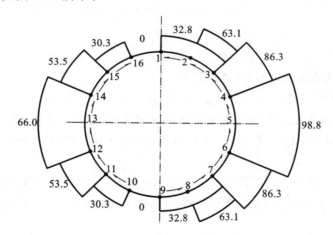

图 5-15　例 5-4 的机身剪流分布

5.3　多闭室剖面的扭转

对于图 5-16 所示的多闭室，求解扭矩 T 作用下的剪流分布。

如图 5-17 所示，假设第 R 个单闭室的剪流为 q_R，则由平衡方程可得：

$$T = \sum_{R=1}^{N} 2A_R q_R \tag{5-22}$$

由式（4-87）可得：

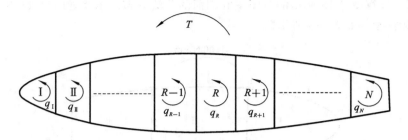

图 5-16　多闭室简化模型

$$\frac{\mathrm{d}\theta}{\mathrm{d}z} = \frac{1}{2A_R G}\oint_R q\,\frac{\mathrm{d}s}{t} \tag{5-23}$$

且记 $\delta = \dfrac{\mathrm{d}s}{t}$，则

$$\frac{\mathrm{d}\theta}{\mathrm{d}z} = \frac{1}{2A_R G}\big[q_R\delta_{12} + (q_R - q_{R-1})\delta_{23} + q_R\delta_{34} + (q_R - q_{R+1})\delta_{41}\big] \tag{5-24}$$

或

$$\frac{\mathrm{d}\theta}{\mathrm{d}z} = \frac{1}{2A_R G}\big[-q_{R-1}\delta_{23} + q_R(\delta_{12} + \delta_{23} + \delta_{34} + \delta_{41}) - q_{R+1}\delta_{41}\big] \tag{5-25}$$

通式可写为

$$\frac{\mathrm{d}\theta}{\mathrm{d}z} = \frac{1}{2A_R G}(-q_{R-1}\delta_{R-1,R} + q_R\delta_R - q_{R+1}\delta_{R+1,R}) \tag{5-26}$$

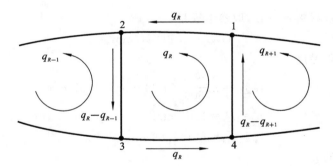

图 5-17　闭室剪流分布

实际情况中蒙皮和梁腹板可能由不同的材料加工而成，所以各壁板的剪切模量 G 有可能不一致。可引入参考剪切模量 G_{REF}，引入 t^* 将模量和厚度进行折算。

$$\frac{\mathrm{d}\theta}{\mathrm{d}z} = \frac{1}{2A_R G_{\mathrm{REF}}}\oint_R q\,\frac{\mathrm{d}s}{(G/G_{\mathrm{REF}})t} \tag{5-27}$$

或写为

$$\frac{\mathrm{d}\theta}{\mathrm{d}z} = \frac{1}{2A_R G_{\mathrm{REF}}}\oint_R q\,\frac{\mathrm{d}s}{t^*} \tag{5-28}$$

式中：

$$t^* = \frac{G}{G_{\mathrm{REF}}}t \tag{5-29}$$

[**例 5-6**]　计算图 5-18 所示的三闭室翼剖面的剪流分布。承受逆时针 11.3 kN·m 的扭矩。尺寸和材料参数如表 5-3 所示。

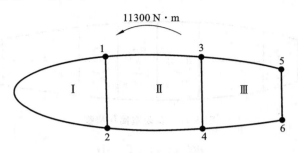

图 5-18　例 5-6 的三闭室

表 5-3　尺寸和材料参数

壁　　板	长度/mm	厚度/mm	$G/(N/mm^2)$	面积/mm²
曲边 12	1650	1.22	24200	$A_I = 258000$
12	508	2.03	27600	$A_{II} = 355000$
13,24	775	1.22	24200	$A_{III} = 161000$
34	380	1.63	27600	
35,46	508	0.92	20700	
56	254	0.92	20700	

解　蒙皮和腹板材料不一致,取参考模量

$$G_{REF} = 27600 \text{ N/mm}^2$$

计算板元的等效厚度

$$t^*_{曲边12} = \frac{24200}{27600} \times 1.22 \text{ mm} = 1.07 \text{ mm}$$

$$t^*_{13} = t^*_{24} = 1.07 \text{ mm}$$

$$t^*_{35} = t^*_{46} = t^*_{56} = 0.69 \text{ mm}$$

计算各个板元的 δ:

$$\delta_{曲边12} = \int_{曲边12} \frac{ds}{t^*} = \frac{1650}{1.07} = 1542$$

$\delta_{12} = 250$,　$\delta_{13} = \delta_{24} = 725$,　$\delta_{34} = 233$,　$\delta_{35} = \delta_{46} = 736$,　$\delta_{56} = 368$

对于单闭室 I,

$$\frac{d\theta}{dz} = \frac{1}{2 \times 258000 G_{REF}} [q_I(1542 + 250) - 250q_{II}]$$

对于单闭室 II,

$$\frac{d\theta}{dz} = \frac{1}{2 \times 355000 G_{REF}} [-250q_I + q_{II}(250 + 725 + 233 + 725) - 233q_{III}]$$

对于单闭室 III,

$$\frac{d\theta}{dz} = \frac{1}{2 \times 161000 G_{REF}} [-233q_{II} + q_{III}(736 + 233 + 736 + 368)]$$

再由平衡方程,可得:

$$11.3 \times 10^6 = 2(258000q_{\mathrm{I}} + 355000q_{\mathrm{II}} + 161000q_{\mathrm{III}})$$

可求出

$$q_{\mathrm{I}} = 7.1\ \mathrm{N/mm}, \quad q_{\mathrm{II}} = 8.9\ \mathrm{N/mm}, \quad q_{\mathrm{III}} = 4.2\ \mathrm{N/mm}$$

5.4　多闭室剖面的剪切

对于图 5-19 所示的多闭室,求解剪力 S_x 和 S_y 作用下的剪流分布。

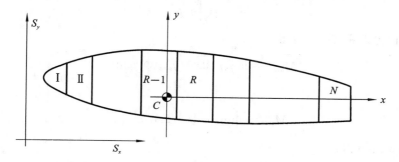

图 5-19　多闭室

与单闭室求解剪流思路一致,首先将多闭室切开,变为开剖面,如图 5-20 所示。其剪流为

$$q_b = -\left(\frac{S_x I_{xx} - S_y I_{xy}}{I_{xx} I_{yy} - I_{xy}^2}\right)\left(\int_0^s t_{\mathrm{D}} x \mathrm{d}s + \sum_{r=1}^n B_r X_r\right) - \left(\frac{S_y I_{yy} - S_x I_{xy}}{I_{xx} I_{yy} - I_{xy}^2}\right)\left(\int_0^s t_{\mathrm{D}} y \mathrm{d}s + \sum_{r=1}^n B_r y_r\right)$$

$$(5\text{-}30)$$

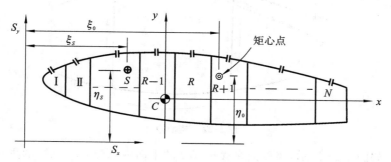

图 5-20　多闭室切口

如图 5-21 所示,对于第 R 个闭室,其开口处的未知常剪流记为 $q_{s,0,R}$,则

$$q_R = q_b + q_{s,0,R} \tag{5-31}$$

又由

$$\frac{\mathrm{d}\theta}{\mathrm{d}z} = \frac{1}{2A_R G}\oint_R q\,\frac{\mathrm{d}s}{t} = \frac{1}{2A_R G}\oint_R (q_b + q_{s,0,R})\,\frac{\mathrm{d}s}{t} \tag{5-32}$$

与式(5-26)推导过程类似,其通式为

$$\frac{\mathrm{d}\theta}{\mathrm{d}z} = \frac{1}{2A_R G}\left(-q_{s,0,R-1}\delta_{R-1,R} + q_{s,0,R}\delta_R - q_{s,0,R+1}\delta_{R+1,R} + \oint_R q_b\,\frac{\mathrm{d}s}{t}\right) \tag{5-33}$$

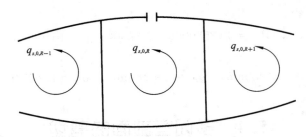

图 5-21　闭室剪流分布

如图 5-22 所示，取矩心点 O，第 R 个闭室剪流对该点之矩为

$$M_{q,R} = \oint q_R p_0 \mathrm{d}s \tag{5-34}$$

将式(5-31)代入式(5-34)可得：

$$M_{q,R} = \oint_R q_b p_0 \mathrm{d}s + q_{s,0,R}\oint_R p_0 \mathrm{d}s \tag{5-35}$$

即

$$M_{q,R} = \oint_R q_b p_0 \mathrm{d}s + 2A_R q_{s,0,R} \tag{5-36}$$

由合力矩定理可得：

$$S_x \eta_0 - S_y \xi_0 = \sum_{R=1}^{N} M_{q,R} = \sum_{R=1}^{N}\oint_R q_b p_0 \mathrm{d}s + \sum_{R=1}^{N} 2A_R q_{s,0,R} \tag{5-37}$$

式(5-37)即为平衡方程。结合变形协调方程(5-33)即可以进行多闭室剖面剪切问题的求解。

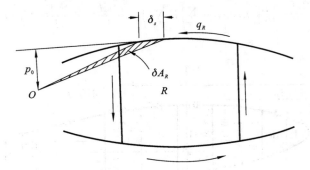

图 5-22　矩心点

[例 5-7]　如图 5-23 所示，翼剖面在腹板 572 的平面内承受 86.8 kN 的垂直向上剪力，该模型为简化模型。除板元 78 外，所有板元的剪切模量均为 27600 N/mm²，板元 78 的剪切模量为其 3 倍，计算截面的剪流分布和扭转角。表 5-4 给出了尺寸参数。

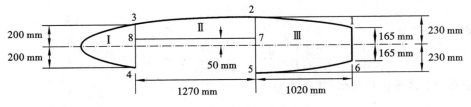

图 5-23　例 5-7 的组合多闭室

表 5-4　尺寸参数

壁　板	长度/mm	厚度/mm	面积/mm²
12,56	1023	1.22	$A_{\mathrm{I}} = 265000$
23	1274	1.63	$A_{\mathrm{II}} = 213000$
34	2200	2.03	$A_{\mathrm{III}} = 413000$
483	400	2.64	$B_1 = B_6 = 2580$
572	460	2.64	$B_2 = B_5 = 3880$
61	330	1.63	$B_3 = B_4 = 3230$
78	1270	1.22	

解　集中面积关于 x 轴上下对称,所以 $I_{xy} = 0$。剖面惯性矩为

$$I_{xx} = 2(2580 \times 165^2 + 3880 \times 230^2 + 3230 \times 200^2)\ \mathrm{mm}^4 = 809 \times 10^6\ \mathrm{mm}^4$$

板元模量不一致,参考模量取为

$$G_{\mathrm{REF}} = 27600\ \mathrm{N/mm}^2$$

板元 78 的等效厚度为

$$t_{78}^* = \frac{3 \times 27600}{27600} \times 1.22\ \mathrm{mm} = 3.66\ \mathrm{mm}$$

计算各个板元的 δ:

$$\delta_{78} = \frac{1270}{3.66} = 347$$

$$\delta_{12} = \delta_{56} = 839, \quad \delta_{23} = 782, \quad \delta_{34} = 1,084, \quad \delta_{38} = 57, \quad \delta_{48} = 95$$

$$\delta_{78} = 347, \quad \delta_{27} = 68, \quad \delta_{57} = 106, \quad \delta_{61} = 202$$

如图 5-24 所示,将多闭室变为开剖面。
先计算开剖面的剪流,即

$$q_b = \frac{-S_y}{I_{xx}} \sum_{r=1}^n B_r y_r$$

$$= -\frac{86.8 \times 10^3}{809 \times 10^6} \sum_{r=1}^n B_r y_r$$

$$= -1.07 \times 10^{-4} \sum_{r=1}^n B_r y_r$$

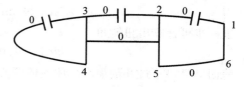

图 5-24　例 5-7 的切口

得

$$q_{b,27} = -1.07 \times 10^{-4} \times 3880 \times 230\ \mathrm{N/mm} = -95.5\ \mathrm{N/mm}$$

$$q_{b,16} = -1.07 \times 10^{-4} \times 2580 \times 165\ \mathrm{N/mm} = -45.5\ \mathrm{N/mm}$$

$$q_{b,65} = [-45.5 - 1.07 \times 10^{-4} \times 2580 \times (-165)]\ \mathrm{N/mm} = 0$$

$$q_{b,57} = -1.07 \times 10^{-4} \times 3880 \times (-230)\ \mathrm{N/mm} = 95.5\ \mathrm{N/mm}$$

$$q_{b,38} = -1.07 \times 10^{-4} \times 3230 \times 200\ \mathrm{N/mm} = -69.1\ \mathrm{N/mm}$$

$$q_{b,48} = -1.07 \times 10^{-4} \times 3230 \times (-200)\ \mathrm{N/mm} = 69.1\ \mathrm{N/mm}$$

剪流分布如图 5-25 所示。
对于闭室 I,

$$\mathrm{d}\theta/\mathrm{d}z = [q_{s,0,1}(1084 + 95 + 57) - 57q_{s,0,\mathrm{II}} + 69.1 \times 95$$
$$+ 69.1 \times 57]/(2 \times 265000 G_{\mathrm{REF}})$$

对于闭室Ⅱ，

$$\mathrm{d}\theta/\mathrm{d}z = [-57q_{s,0,1} + q_{s,0,\mathrm{II}}(782 + 57 + 347 + 68) - 68q_{s,0,\mathrm{III}}$$
$$+ 95.5 \times 68 - 69.1 \times 57]/(2 \times 213000 G_{\mathrm{REF}})$$

对于闭室Ⅲ，

$$\mathrm{d}\theta/\mathrm{d}z = [-68q_{s,0,\mathrm{II}} + q_{s,0,\mathrm{II}}(839 + 68 + 106 + 839 + 202) + 45.5 \times 202$$
$$- 95.5 \times 68 - 69.1 \times 57]/(2 \times 213000 G_{\mathrm{REF}})$$

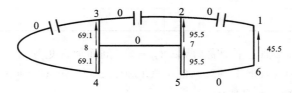

图 5-25　例 5-7 的剪流分布

剪力和剪流对腹板 572 与 x 轴交点取矩，由合力矩定理有

$$0 = -69.1 \times 250 \times 1270 - 69.1 \times 150 \times 1270 + 45.5 \times 330 \times 1020$$
$$+ 2 \times 265000 q_{s,0,\mathrm{I}} + 2 \times 213000 q_{s,0,\mathrm{III}} + 2 \times 413000 q_{s,0,\mathrm{III}}$$

求得：

$$q_{s,0,\mathrm{I}} = 4.9 \text{ N/mm}, \quad q_{s,0,\mathrm{II}} = 9.3 \text{ N/mm}, \quad q_{s,0,\mathrm{III}} = 16.0 \text{ N/mm}$$

与开剖面剪流叠加，可得：

$$q_{34} = 4.9 \text{ N/mm}, \quad q_{23} = q_{87} = 9.3 \text{ N/mm}, \quad q_{12} = q_{56} = 16.0 \text{ N/mm}$$
$$q_{61} = 61.5 \text{ N/mm}, \quad q_{57} = 79.5 \text{ N/mm}, \quad q_{72} = 88.7 \text{ N/mm}$$
$$q_{48} = 74.0 \text{ N/mm}, \quad q_{83} = 64.7 \text{ N/mm}$$

进一步可计算出扭转角

$$\mathrm{d}\theta/\mathrm{d}z = 1.09 \times 10^{-6} \text{ rad/mm}$$

前面已经讨论过开剖面和单闭室的弯心求解问题。对于多闭室剖面，其弯心怎么求？

若剪力 S_y 作用在弯心上，则各剖面扭转角为 0。开剖面剪流 q_b 可先求出，$q_{s,0,R}$ 为 N 个未知数，可通过 N 个闭室剖面扭转角为 0 求得。

$$\frac{\mathrm{d}\theta}{\mathrm{d}z} = \frac{1}{2A_R G}\left(-q_{s,0,R-1}\delta_{R-1,R} + q_{s,0,R}\delta_R - q_{s,0,R+1}\delta_{R+1,R} + \oint_R q_b \frac{\mathrm{d}s}{t}\right) \tag{5-38}$$

需要注意的是，将多闭室剖面变成开剖面，开口位置不一样，则得到的开剖面剪流也不一样。对于每一个单闭室都可以列出式(5-38)，而且扭转角为 0。N 个独立方程可以求出 N 个未知数 $q_{s,0,R}$。$q_{s,0,R}$ 与 q_b 叠加就可以得到剪力作用在多闭室弯心上的剪流分布。再根据剪流对任一点的力矩之和等于 S_y 对任一点的力矩，就可以求出弯心的位置。

5.5　开　口　问　题

飞行器结构中，为了满足使用和维护的要求，通常布置有各种开口，如各种舱门处的开口以及各种检查、维修开口等。

5.5.1　机翼开口传扭

本节通过计算实例研究机翼在大开口处如何传扭。

如图 5-26 所示的翼盒简化模型，力偏距为 10 kN/m。若机翼结构连续（未开口），且忽略固定端限制扭转（将在第 5.8 节中讨论）的影响，则蒙皮和梁腹板上的剪流为

$$q = \frac{T}{2A} = \frac{10 \times 10^6}{2 \times 200 \times 800} \text{ N/mm} = 31.3 \text{ N/mm}$$

若中间翼盒下蒙皮不存在，大开口区域如图 5-26 所示，则开口区域前后梁上的剪力形成一力偶，与扭矩等效。前后梁上的弯矩由梁缘条轴力承受。

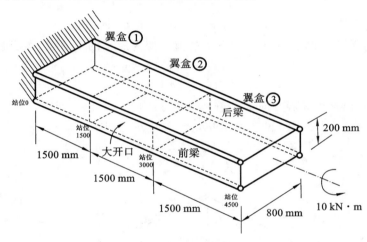

图 5-26　大开口机翼

如图 5-27 所示，前后梁剪力形成的力偶与扭矩相等，即

$$800S = 10 \times 10^6$$

梁腹板上的剪力为

$$S = 12500 \text{ N}$$

梁腹板上的剪流为

$$q_1 = \frac{12500}{200} \text{ N/mm} = 62.5 \text{ N/mm}$$

如图 5-27 所示，对于前梁而言，左右两个截面上剪流为 q，形成顺时针转动的力矩。进而得到开口区域左右两个截面上缘条轴力为

$$2P = 1500q_1 = 1500 \times 62.5$$
$$P = 46875 \text{ N}$$

对于与开口区相连的区域，如图 5-28 所示，由缘条 1 平衡可得：

$$1500q_2 - 1500q_3 = P = 46875 \text{ N}$$

q_2 与 q_3 合力等于扭矩，即

$$200 \times 800q_2 + 200 \times 800q_3 = 10 \times 10^6$$

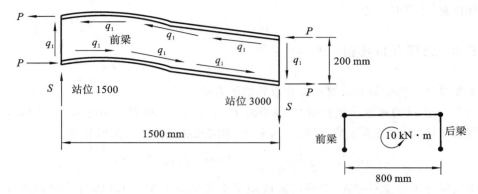

图 5-27　前梁受力分析

可得：

$$q_2 = 46.9 \text{ N/mm}, \quad q_3 = 15.6 \text{ N/mm}$$

由此可见，与无开口相比，上下蒙皮壁板的剪流变为原来的 1.5 倍，梁腹板的剪流减小为原来的一半。

$$P(4500) = 0$$

进一步可以求出整个翼展方向梁缘条上的轴力：

$$P(3000) = 1500q_2 - 1500q_3 = 46875$$

$$P(2250) = 1500q_2 - 1500q_3 - 750q_1 = 0$$

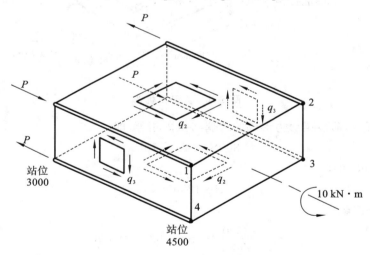

图 5-28　盒段平衡

前梁上缘条的轴力图如图 5-29 所示。可见无开口传扭时，梁缘条上无轴力（正应力）；存在开口时，梁缘条上出现了轴力，且轴力变化比较复杂。

双梁式机翼有下开口时，机翼扭矩在开口区的传递如下：由于下蒙皮被开掉，开口区不能再以翼盒闭室的一圈剪流传扭，而是以双梁的参差弯曲受扭，即一个翼梁由于附加剪力而向上弯曲，另一个翼梁由于附加剪力向下弯曲。这一对作用在开口区端头、大小相等而方向相反的剪力，是通过开口区加强端肋把形式为一圈剪流的扭矩转化而来的。由于两根梁在整个开口区都承受这对附加剪力，故能由两梁传扭。此时，每个梁在开口区两端的剪力大小相等而方向

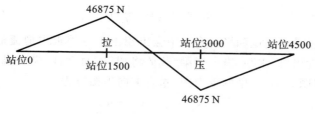

图 5-29　缘条内力

相反。

5.5.2　机身开口问题

例 5-3 和例 5-5 中已经讨论了由横向框架和纵向长桁组成的机身截面的弯曲和剪切问题。在实际情况中，往往需要在这些封闭的加筋壳体中开口，如客舱门、驾驶舱、炸弹舱和窗户等。这些开孔或"切口"使得在本来连续的壳体结构中产生不连续性，进而使得载荷在开口附近重新分配，从而影响蒙皮、长桁和框架中的内力和应力。通常需要对这些开口区域进行补强，因而会不可避免地导致结构重量增加。在某些情况下，如客机中舱门开口，因考虑到空间限制，不可能在开口的每一侧都提供刚性的机身框架，而会在开口周围放置一个刚性框架来抵抗剪切载荷，并将载荷从开口一侧传递到另外一侧。较小的开口如客机座舱窗户，图 5-30 所示的为一个带有窗户开口的机身壁板。点线代表了加强蒙皮所需的机身框架和长桁。虽然在实际情况中壁板是曲面的，但对于大型客机而言，在机身的一定深度范围内，包含机窗开口的壁板可视为平面。

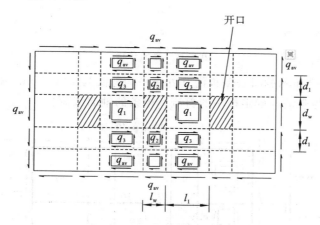

图 5-30　带开口的机身壁板

机身壁板承受一个已知的剪切流 q_{av}，如果没有开口，q_{av} 将在整个壁板中保持不变。假设开口只影响四周与其紧邻受剪板的剪流。因此，如图 5-30 中壁板中心区域所示，将有 3 个未知的剪切流，即 q_1、q_2 和 q_3。

图 5-31 给出了不同区域的受力分析。由图 5-31(a)，考虑水平方向的载荷

$$q_1 l_1 = q_{av}(l_1 + l_w) \tag{5-39}$$

可得：

$$q_1 = q_{av}\left(1 + \frac{l_w}{l_1}\right) \tag{5-40}$$

值得注意的是，在横向隔框和纵向桁梁中会出现由于相邻板中剪流的不同而产生的轴向载荷。然而，从对称性出发，水平（纵向桁梁）载荷将相等，而垂直（横向隔框）载荷不影响水平方向平衡方程。根据图 5-31(c) 中的受力图，垂直方向平衡方程为

$$2q_2 d_1 = q_{av}(2d_1 + d_w) \tag{5-41}$$

可得：

$$q_2 = q_{av}\left(1 + \frac{d_w}{2d_1}\right) \tag{5-42}$$

根据图 5-31(b) 中的受力图，水平方向平衡方程为

$$q_3 l_1 + q_2 l_w = q_{av}(l_1 + l_w) \tag{5-43}$$

将式(5-42)代入式(5-43)，可得：

$$q_3 = q_{av}\left(1 - \frac{d_w l_w}{2d_1 l_1}\right) \tag{5-44}$$

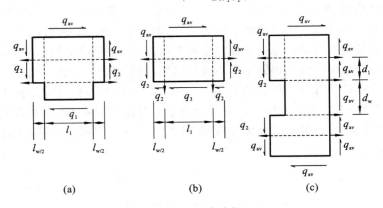

图 5-31　受力分析

[**例 5-8**]　图 5-32 所示的机身壁板沿其外缘平均剪流为 40 kN/m。窗户开口沿其长度有规律地排列，并设有加强筋。确定板中的剪流和桁条的轴向载荷。

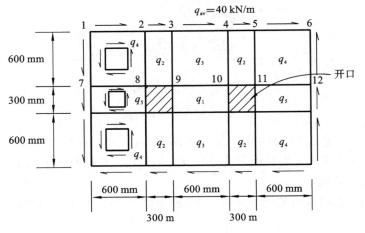

图 5-32　例 5-8 的机身壁板

由图 5-33(a)和水平方向平衡方程,有

$$600q_1 = 900q_{av}$$

可得:

$$q_1 = 1.5 \times 40 \text{ kN/m} = 60 \text{ kN/m}$$

由图 5-33(b)和垂直方向平衡方程,有

$$2q_2 \times 600 = q_{av} \times 1500$$

可得:

$$q_2 = 1.25 \times 40 \text{ kN/m} = 50 \text{ kN/m}$$

由图 5-33(c)和垂直方向平衡方程,有

$$2 \times 600q_3 + 300q_1 = 1500q_{av}$$

$$q_3 = 35 \text{ kN/m}$$

由图 5-33(d)和垂直方向平衡方程,有

$$2q_5 \times 600 + 600q_1 = 2400q_{av}$$

将 q_1 计算结果代入上式,即

$$1200q_5 + 600 \times 60 = 2400 \times 40$$

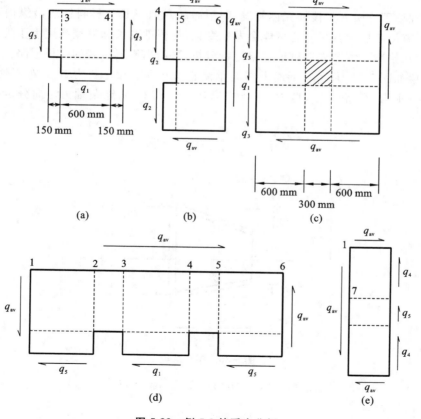

图 5-33 例 5-8 的受力分析

可得:

$$q_5 = 50 \ \text{kN/m}$$

由图 5-33(e)和垂直方向平衡方程,有

$$2q_4 \times 600 + 300q_5 = 1500q_{av}$$

q_5 计算结果代入上式,即

$$1200q_4 + 300 \times 50 = 1500 \times 40$$

可得:

$$q_4 = 37.5 \ \text{kN/m}$$

作用在长桁 7、8、9、10、11、12 上的剪流如图 5-34 (a)所示,轴向载荷的变化遵循静力学平衡。如对于桁条 8,轴力为

$$N = (50 \times 0.6 - 37.5 \times 0.6) \ \text{kN} = 7.5 \ \text{kN}$$

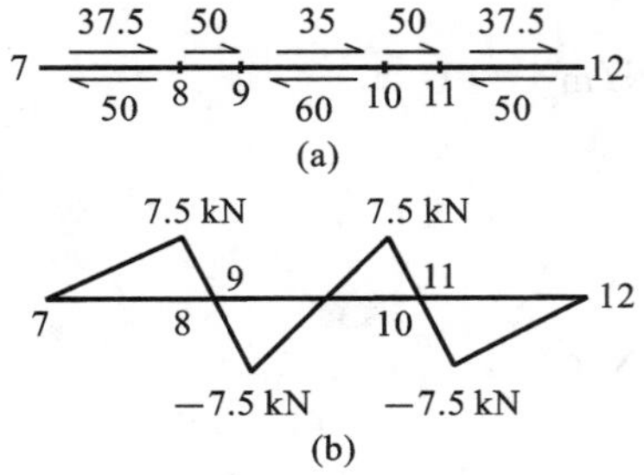

图 5-34　例 5-8 的桁条上剪流分析和轴力图

图 5-34(b)给出了桁条的轴力分布。

5.6　锥形翼梁的分析

薄壁工程梁理论引入了棱柱壳体假设,即剖面的几何形状及材料性质沿纵向不变。但实际情况中,机翼沿着展向其尺寸有可能会发生变化,如根部弦长和翼型高度大于尖部弦长和翼型高度,即存在锥度。本节先取锥形翼梁进行分析,再给出锥形机翼的分析思路。

锥形翼梁如图 5-35 所示,z 剖面上翼梁承受正弯矩 M_x 和正剪力 S_y。弯矩使得上、下缘条承受轴力分别为 $P_{z,1}$ 和 $P_{z,2}$,且 $P_{z,1} = M_x/h$,$P_{z,2} = -M_x/h$,缘条轴力法向分量和切向分量分别为

$$P_{y,1} = P_{z,1} \frac{\delta y_1}{\delta z}, \quad P_{y,2} = -P_{z,2} \frac{\delta y_2}{\delta z} \tag{5-45}$$

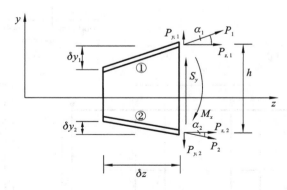

图 5-35　锥形翼梁

根据图 5-35 所示的翼梁锥形形状,可知 δy_1 为正,δy_2 为负。

缘条 1 的轴力为

$$P_1 = (P_{z,1}^2 + P_{y,1}^2)^{1/2} \tag{5-46}$$

将式(5-45)代入式(5-46)可得:

$$P_1 = P_{z,1} \frac{(\delta z^2 + \delta y_1^2)^{1/2}}{\delta z} = \frac{P_{z,1}}{\cos \alpha_1} \tag{5-47}$$

同理，

$$P_2 = \frac{P_{z,2}}{\cos \alpha_2} \tag{5-48}$$

可知截面上的剪力 S_y 一部分由梁腹板承受，另一部分由缘条轴力的切向分量承担，

$$S_y = S_{y,w} + P_{y,1} - P_{y,2} \tag{5-49}$$

即

$$S_y = S_{y,w} + P_{z,1} \frac{\delta y_1}{\delta z} + P_{z,2} \frac{\delta y_2}{\delta z} \tag{5-50}$$

所以，

$$S_{y,w} = S_y - P_{z,1} \frac{\delta y_1}{\delta z} - P_{z,2} \frac{\delta y_2}{\delta z} \tag{5-51}$$

式(5-51)可用来计算锥形翼梁腹板上承担的剪力。对于板杆式简化模型（腹板只承受切应力，不承受正应力），沿着高度方向上腹板剪流为常量，即

$$q = \frac{S_{y,w}}{h} \tag{5-52}$$

若梁腹板也可以承受正应力，可用剪力 $S_{y,w}$ 计算剪流，即

$$q_s = -\frac{S_{y,w}}{I_{xx}} \left(\int_0^s t_D y \mathrm{d}s + B_1 y_1 \right) \tag{5-53}$$

或

$$q_s = -\frac{S_{y,w}}{I_{xx}} \left(\int_0^s t_D y \mathrm{d}s + B_2 y_2 \right) \tag{5-54}$$

[例 5-9]　如图 5-36 所示的翼梁，计算中央截面的剪流。腹板厚度为 2 mm，且可以承受正应力。梁缘条截面积为 400 mm² 。

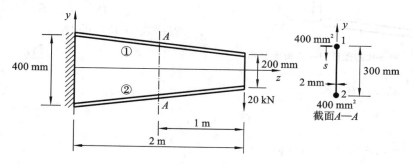

图 5-36　例 5-9 的翼梁

解　截面 A—A 弯矩和剪力为

$$M_x = 20 \times 1 \text{ kN} \cdot \text{m} = 20 \text{ kN} \cdot \text{m}, \quad S_y = -20 \text{ kN}$$

正应力为

$$\sigma_z = \frac{M_x y}{I_{xx}}$$

其中

$$I_{xx} = (2 \times 400 \times 150^2 + 2 \times 300^3/12) \text{ mm}^4$$
$$= 22.5 \times 10^6 \text{ mm}^4$$

则

$$\sigma_{z,1} = -\sigma_{z,2} = \frac{20 \times 10^6 \times 150}{22.5 \times 10^6} \text{ N/mm}^2 = 133.3 \text{ N/mm}^2$$

缘条轴力为

$$P_{z,1} = -P_{z,2} = 133.3 \times 400 \text{ N} = 53320 \text{ N}$$

梁腹板上剪力为

$$S_{y,w} = -20 \times 10^3 - 53320 \frac{\delta y_1}{\delta z} + 53320 \frac{\delta y_2}{\delta z}$$

其中

$$\frac{\delta y_1}{\delta z} = \frac{-100}{2 \times 10^3} = -0.05, \qquad \frac{\delta y_2}{\delta z} = \frac{100}{2 \times 10^3} = 0.05$$

可得：

$$S_{y,w} = (-20 \times 10^3 + 53320 \times 0.05 + 53320 \times 0.05) \text{ N} = -14668 \text{ N}$$

梁腹板上剪流为

$$q_{12} = \frac{14,668}{22.5 \times 10^6} \left[\int_0^s 2(150-s)\mathrm{d}s + 400 \times 150 \right]$$

即

$$q_{12} = 6.52 \times 10^{-4}(-s^2 + 300s + 60000)$$

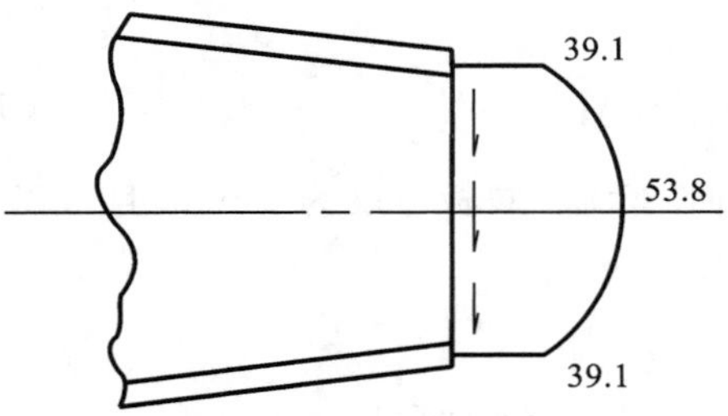

图 5-37 例 5-9 的截面 A—A 剪流分布

剪流分布如图 5-37 所示。

锥形机翼如图 5-38 所示，剖面可以为开剖面，也可以为闭剖面。剖面上弯矩为 M_x 和 M_y，剪力为 S_x 和 S_y。第 r 个桁条（面积为 B_r）轴力为 P_r，方向分量为

$$P_{z,r} = \sigma_{z,r} B_r \tag{5-55}$$

根据式(5-45)，可得：

$$P_{y,r} = P_{z,r} \frac{\delta y_r}{\delta z} \tag{5-56}$$

结合图 5-38(c)，有

$$P_{x,r} = P_{y,r} \frac{\delta x_r}{\delta y_r} \tag{5-57}$$

将式(5-56)代入式(5-57)，可得：

$$P_{x,r} = P_{z,r} \frac{\delta x_r}{\delta z} \tag{5-58}$$

桁条轴力为

$$P_r = (P_{x,r}^2 + P_{y,r}^2 + P_{z,r}^2)^{1/2} \tag{5-59}$$

或

$$P_r = P_{z,r} \frac{(\delta x_r^2 + \delta y_r^2 + \delta z^2)^{1/2}}{\delta z} \tag{5-60}$$

截面上的剪力 S_x 和 S_y 一部分由蒙皮、腹板承担，另一部分由各个桁条轴力沿 x 和 y 方向

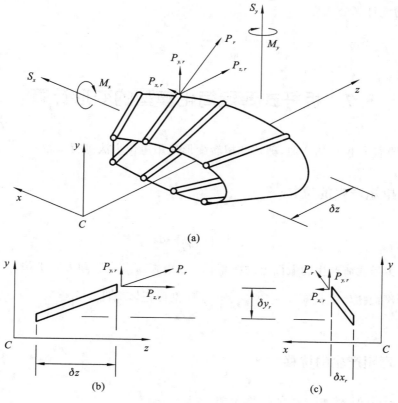

图 5-38　锥形机翼分析

的分量承担。用 $S_{x,\mathrm{w}}$ 和 $S_{y,\mathrm{w}}$ 分别表示蒙皮和腹板上的剪流力系的主矢大小,则

$$S_x = S_{x,\mathrm{w}} + \sum_{r=1}^{m} P_{x,r}, \quad S_y = S_{y,\mathrm{w}} + \sum_{r=1}^{m} P_{y,r} \tag{5-61}$$

将式(5-56)、式(5-58)代入式(5-61)可得:

$$S_x = S_{x,\mathrm{w}} + \sum_{r=1}^{m} P_{z,r}\frac{\delta x_r}{\delta z}, \quad S_y = S_{y,\mathrm{w}} + \sum_{r=1}^{m} P_{z,r}\frac{\delta y_r}{\delta z} \tag{5-62}$$

因此,

$$S_{x,\mathrm{w}} = S_x - \sum_{r=1}^{m} P_{z,r}\frac{\delta x_r}{\delta z}, \quad S_{y,\mathrm{w}} = S_y - \sum_{r=1}^{m} P_{z,r}\frac{\delta y_r}{\delta z} \tag{5-63}$$

对于图 5-39 所示的闭剖面,应用合力矩定理求解开剖面开口处的剪流时,因为轴力分量

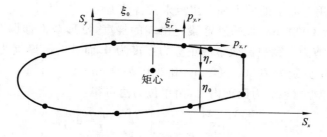

图 5-39　锥形机翼闭剖面剪流计算

的存在，所以剪流计算公式为

$$S_x \eta_0 - S_y \xi_0 = \oint q_b p \, \mathrm{d}s + 2A q_{s,0} - \sum_{r=1}^{m} P_{x,r} \eta_r + \sum_{r=1}^{m} P_{y,r} \xi_r \tag{5-64}$$

5.7　板杆式薄壁简化模型的变形计算

板杆式薄壁简化模型的弯曲、剪切和扭转变形采用单位力法进行求解。

5.7.1　扭矩产生的位移

$$\Delta_T = \int_L \frac{T_0 T_1}{GJ} \mathrm{d}z \tag{5-65}$$

式中：T_0 是由实际载荷产生的截面上的扭矩；T_1 是由在所求位置和方向上施加的单位载荷产生的扭矩。开剖面扭转惯性矩 $J = \sum \frac{1}{3} ab^3$，闭剖面扭转惯性矩 $J = \dfrac{4A^2}{\oint \mathrm{d}s/t}$。

5.7.2　弯矩产生的位移

当截面 $I_{xy} = 0$ 时，弯矩产生的位移为

$$\Delta_M = \frac{1}{E} \int_L \left(\frac{M_{y,1} M_{y,0}}{I_{yy}} + \frac{M_{x,1} M_{x,0}}{I_{xx}} \right) \mathrm{d}z \tag{5-66}$$

式中：M_0 是由实际载荷产生的截面上的弯矩；M_1 是由在所求位置和方向上施加的单位载荷产生的弯矩。

5.7.3　剪力产生的位移

$$\Delta_S = \int_L \left(\int_{\text{sect}} \frac{q_0 q_1}{Gt} \mathrm{d}s \right) \mathrm{d}z \tag{5-67}$$

式中：q_0 是由实际载荷产生的剪流；q_1 是由在所求位置和方向上施加的单位载荷产生的剪流。施加的剪力和单位剪力都必须通过横截面的弯心，否则会发生额外的扭转位移。如果剪力作用在其他点，则必须用弯心上的剪力加上扭矩来代替该剪力。

[**例 5-10**]　计算 2000 mm 长的悬臂梁自由端的挠度，槽形截面如图 5-40 所示。弯心上作用 4.8 kN 的垂直剪力。蒙皮有效承载正应力厚度为 0，而其实际厚度为 1 mm。材料弹性模量 E 和剪切模量 G 分别为 70000 N/mm² 和 30000 N/mm²。

解　该截面上有弯矩和剪力两种内力，由单位力法可得：

$$\Delta = \int_0^L \frac{M_{x,0} M_{x,1}}{EI_{xx}} \mathrm{d}z + \int_0^L \left(\int_{\text{sect}} \frac{q_0 q_1}{Gt} \mathrm{d}s \right) \mathrm{d}z$$

由

$$M_{x,0} = -4.8 \times 10^3 (2000 - z)$$
$$M_{x,1} = -1(2000 - z)$$

以及

$$q_0 = -\frac{4.8 \times 10^3}{I_{xx}} \sum_{r=1}^{n} B_r y_r$$

$$q_1 = -\frac{1}{I_{xx}} \sum_{r=1}^{n} B_r y_r$$

可知

$$q_1 = \frac{1}{4.8 \times 10^3} q_0$$

可得：

$$\Delta_M = \int_0^{2000} \frac{4.8 \times 10^3 (2000 - z)^2}{70000 \times 48 \times 10^6} dz$$

$$= 3.81 \text{ mm}$$

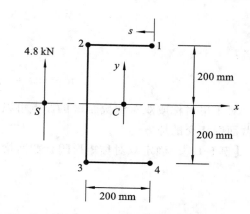

图 5-40　例 5-10 的槽形截面

由例 5-2 中缘条和腹板上的剪流计算结果：

$$q_{12} = -10^{-4} \times 300 \times 200 \text{ N/mm} = -6 \text{ N/mm}$$

$$q_{23} = (-6 - 10^{-4} \times 300 \times 200) \text{ N/mm} = -12 \text{ N/mm}$$

$$q_{34} = [-12 - 10^{-4} \times 300 \times (-200)] \text{ N/mm} = -6 \text{ N/mm}$$

剪力作用下剖面的位移为

$$\Delta_S = \int_0^{2000} \frac{1}{30000 \times 1} \left[\frac{1}{4.8 \times 10^3} (6^2 \times 200 + 12^2 \times 400 + 6^2 \times 200) \right] dz = 1.0 \text{ mm}$$

两者综合作用下，总位移为 4.81 mm。

5.8　限 制 扭 转

5.8.1　闭剖面的翘曲

对于闭剖面，由式(4-85)和式(4-87)可得：

$$w_s - w_0 = \int_0^s \frac{q_s}{Gt} ds - \frac{A_{Os}}{A} \oint \frac{q_s}{Gt} ds - y_R \frac{d\theta}{dz}(x_s - x_0) + x_R \frac{d\theta}{dz}(y_s - y_0) \tag{5-68}$$

若在截面的扭心 R 上建立原点，则

$$w_s - w_0 = \int_0^s \frac{q_s}{Gt} ds - \frac{A_{Os}}{A} \oint \frac{q_s}{Gt} ds \tag{5-69}$$

闭剖面承受纯扭矩，剪流为常量，即

$$w_s - w_0 = q \int_0^s \frac{ds}{Gt} - \frac{A_{Os}}{A} q \oint \frac{ds}{Gt} \tag{5-70}$$

令

$$\delta = \oint \frac{ds}{Gt} \tag{5-71}$$

$$\delta_{Os} = \int_0^s \frac{ds}{Gt} \tag{5-72}$$

可得：

$$w_s - w_0 = \frac{T\delta}{2AG}\left(\frac{\delta_{Os}}{\delta} - \frac{A_{Os}}{A}\right) \tag{5-73}$$

对于单对称或双对称截面，s 的原点可以取零翘曲点。由对称性，零翘曲点发生在对称轴和截面壁相交的地方。

[**例 5-11**]　确定双对称矩形闭合截面梁在承受逆时针扭矩 T 时的翘曲分布，如图 5-41 所示。

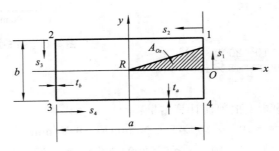

图 5-41　例 5-11 的矩形截面

解　由式 (5-73) 可得：

$$w_s - w_0 = \frac{T\delta}{2AG}\left(\frac{\delta_{Os}}{\delta} - \frac{A_{Os}}{A}\right)$$

式中：

$$\delta = \oint \frac{ds}{t}, \quad \delta_{Os} = \int_0^s \frac{ds}{t}$$

$$w_0 = 0, \quad \delta = 2\left(\frac{b}{t_b} + \frac{a}{t_a}\right), \quad A = ab$$

从 O 点到 1 点，$0 \leqslant s_1 \leqslant b/2$，

$$\delta_{Os} = \int_0^s \frac{ds_1}{t_b} = \frac{s_1}{t_b}, \quad A_{Os} = \frac{as_1}{4}$$

$$w_1 = \frac{T}{2abG}2\left(\frac{b}{t_b} + \frac{a}{t_a}\right)\left[\frac{b/2t_b}{2(b/t_b + a/t_a)} - \frac{ab/8}{ab}\right]$$

$$w_1 = \frac{T}{8abG}\left(\frac{b}{t_b} - \frac{a}{t_a}\right)$$

当 T 为正（逆时针），以及 $b/t_b - a/t_a$ 为正时，1 点的位移为正。当 T 和 $b/t_b - a/t_a$ 其中任一个为负时，1 点的位移为负。当 $b/t_b = a/t_a$ 时，1 点的位移为 0。

由对称性，其余各点位移为

$$w_2 = -w_1 = -w_3 = w_4$$

矩形截面翘曲如图 5-42 所示。

由 $w_s - w_0 = 0$，可得：

$$\frac{\delta_{Os}}{\delta} = \frac{A_{Os}}{A} \tag{5-74}$$

或

$$\frac{1}{\delta}\int_0^s \frac{\mathrm{d}s}{Gt} = \frac{1}{2A}\int_0^s p_R \mathrm{d}s \qquad (5\text{-}75)$$

式中：p_R 如图 4-47 所示，为扭心 R 点到 s 方向的垂向距离。对 s 进行积分，可得：

$$\frac{1}{\delta Gt} = \frac{p_R}{2A} \qquad (5\text{-}76)$$

即

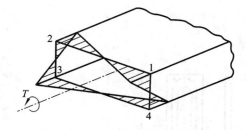

图 5-42　例 5-11 的矩形截面翘曲图

$$p_R Gt = \frac{2A}{\delta} = \text{const} \qquad (5\text{-}77)$$

可知 $p_R Gt = \text{const}$ 的闭截面梁扭转时不会发生翘曲，称为 Neuber 梁。圆形截面梁、$at_b = bt_a$ 的矩形截面梁和恒定厚度的三角形截面梁都是 Neuber 梁。

5.8.2　开剖面的翘曲

根据第二章柱体的扭转公式

$$\tau_{zx} = \frac{\partial \Phi}{\partial y}, \quad \tau_{zy} = -\frac{\partial \Phi}{\partial x} \qquad (5\text{-}78)$$

$$\frac{\partial w}{\partial x} = \frac{1}{G}\frac{\partial \Phi}{\partial y} + Ky \qquad (5\text{-}79)$$

可得：

$$\frac{\partial w}{\partial x} = \frac{\tau_{zx}}{G} + \frac{\mathrm{d}\theta}{\mathrm{d}z}y \qquad (5\text{-}80)$$

对于狭长矩形（见图 5-43），因为 $\tau_{zx} = 0$，所以

$$\frac{\partial w}{\partial x} = \frac{\mathrm{d}\theta}{\mathrm{d}z}y \qquad (5\text{-}81)$$

对 x 进行积分，可得：

$$w = xy\frac{\mathrm{d}\theta}{\mathrm{d}z} + \text{const} \qquad (5\text{-}82)$$

截面具有两个对称轴，当 $x = y = 0$ 时，$w = 0$，可知常数为 0，即

$$w = xy\frac{\mathrm{d}\theta}{\mathrm{d}z} \qquad (5\text{-}83)$$

对于狭长曲板（见图 5-44），采用薄膜比拟法，有

$$w_t = ns\frac{\mathrm{d}\theta}{\mathrm{d}z} \qquad (5\text{-}84)$$

且

$$\gamma_{zs} = \frac{\partial w}{\partial s} + \frac{\partial v_t}{\partial z} \qquad (5\text{-}85)$$

由式（4-75）可得：

$$\frac{\partial v_t}{\partial z} = p_R\frac{\mathrm{d}\theta}{\mathrm{d}z} \qquad (5\text{-}86)$$

代入式（5-85），有

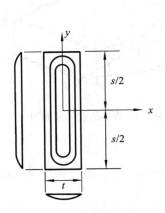

图 5-43　狭长矩形截面及坐标系

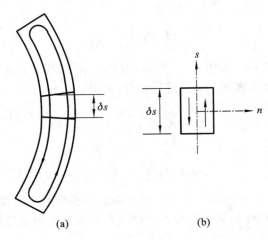

(a)　　　　　　　　　(b)

图 5-44　狭长曲板截面及坐标系

$$\gamma_{zs} = \frac{\partial w}{\partial s} + p_R \frac{\mathrm{d}\theta}{\mathrm{d}z} \tag{5-87}$$

由胡克定理,有

$$\tau_{zs} = G\left(\frac{\partial w}{\partial s} + p_R \frac{\mathrm{d}\theta}{\mathrm{d}z}\right) \tag{5-88}$$

由 $\tau_{zs} = 0$,有

$$\frac{\partial w}{\partial s} = -p_R \frac{\mathrm{d}\theta}{\mathrm{d}z} \tag{5-89}$$

对 s 进行积分,可得:

$$w_s = -\frac{\mathrm{d}\theta}{\mathrm{d}z}\int_0^s p_R \mathrm{d}s \tag{5-90}$$

即

$$w_s = -2A_R \frac{\mathrm{d}\theta}{\mathrm{d}z} \tag{5-91}$$

或

$$w_s = -2A_R \frac{T}{GJ} \tag{5-92}$$

式中:$A_R = \dfrac{1}{2}\displaystyle\int_0^s p_R \mathrm{d}s$,是从零翘曲点出发,绕扭心的扫掠面积,如图 5-45 所示。

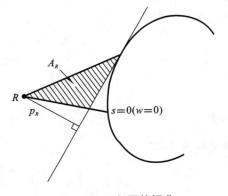

图 5-45　开剖面的翘曲

[**例 5-12**]　如图 5-46 所示,当槽形截面受到 10 N·m 的逆时针扭矩时,确定槽形截面中的最大剪切应力和翘曲分布。$G = 25000$ N/mm²。

解　由弹性力学中狭长矩形截面柱体扭转,可知

$$J = \frac{1}{3}(2 \times 25 \times 1.5^3 + 50 \times 2.5^3)\ \text{mm}^4 = 316.7\ \text{mm}^4$$

$$\tau_{\max} = \pm\frac{2.5 \times 10 \times 10^3}{316.7}\ \text{N/mm}^2 = \pm 78.9\ \text{N/mm}^2$$

s(即 A_R)的原点取在腹板和对称轴的交点处,其翘曲为零。由位移互等定理可知,截面的

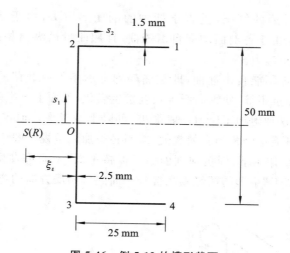

图 5-46　例 5-12 的槽形截面

扭心 R 与其弯心重合。

$$\xi_s = 8.04 \ \text{mm}$$

在 $O2$ 边上，

$$A_R = \frac{1}{2} \times 8.04 s_1 \quad (p_R \ \text{为正})$$

所以

$$w_{O2} = -2 \times \frac{1}{2} \times 8.04 s_1 \times \frac{10 \times 10^3}{25000 \times 316.7}$$

$$= -0.01 s_1$$

2 点的翘曲位移为

$$w_2 = -0.01 \times 25 \ \text{mm} = -0.25 \ \text{mm}$$

在边 21 上

$$A_R = \frac{1}{2} \times 8.04 \times 25 - \frac{1}{2} \times 25 s_2$$

进而

$$w_{21} = -25(8.04 - s_2) \frac{10 \times 10^3}{25000 \times 316.7}$$

可得：

$$w_{21} = -0.03(8.04 - s_2)$$

所以槽形截面的翘曲位移如图 5-47 所示。

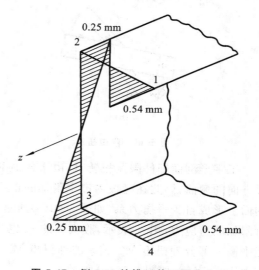

图 5-47　例 5-12 的槽形截面翘曲分布

5.8.3　限制扭转的概念

当非圆剖面直杆受扭时，其剖面将出现翘曲现象。如果所有剖面都自由翘曲，则在剖面上不会产生法向应力，这称为自由扭转。这时，杆件所有横剖面的翘曲量都相同，因此，在横剖面上只产生与外扭矩相平衡的剪应力。然而，这种情况很少出现，只有当等剖面直杆的两端作用大小相等、方向相反的力偶且无任何约束时，才可能发生自由扭转，如图 5-48 所示。图 5-48

(b)所示的是该杆变形后的情况,垂直于杆轴的剖面 $ABCD$,由于扭矩而发生翘曲,剖面 $ABCD$ 不再是平面。但由于各剖面均能自由翘曲,且翘曲量沿纵向相同,故纵向纤维长度不变,剖面上就不会产生正应力。

当杆件受扭时,剖面不能自由翘曲,即翘曲受到支承条件或载荷的限制,称为限制扭转。这时由于各剖面的翘曲量不等,使纵向纤维长度发生变化,剖面上产生附加正应力。在实心杆件中,限制扭转产生的这种附加正应力一般很小,可以不予考虑。但在薄壁杆件中,限制扭转所产生的附加正应力可能达到相当大的数值,因而必须加以重视。图 5-49 所示的"工"字形剖面杆件,在自由扭转 M_z 作用下,固定端剖面始终保持平面,不允许发生翘曲。这种情况属于限制扭转,而在自由端"工"字形的两缘板在自身平面内作相反方向的弯曲,因此限制扭转又称为弯曲扭转。

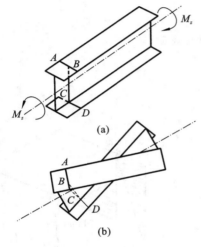

图 5-48　自由扭转

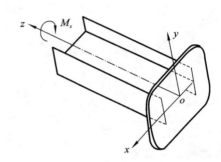

图 5-49　限制扭转

工字形剖面杆件限制扭转时,由于各横剖面翘曲沿纵向不同,两缘板在其自身平面内作相反方向的弯曲,因此在缘板内产生附加的正应力,用 σ_ω 表示,在腹板上附加正应力为零,σ_ω 在剖面上形成自身平衡力系,如图 5-50(a)所示。由于正应力沿纵向是变化的,因而在剖面上又有附加的剪应力,用 τ_ω 表示,腹板上的 τ_ω 也为零,如图 5-50(b)所示。这种附加的剪应力 τ_ω 只能平衡一部分外扭矩 M_ω,其余的外扭矩 $M_k = M - M_\omega$ 将由自由扭转剪应力来平衡,这部分剪应力用 τ_k 表示,如图 5-50(c)所示。

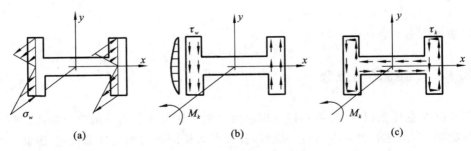

图 5-50　开剖面剪流分布

第四章讨论开剖面薄壁梁的自由扭转时曾指出，在采用剪应力沿壁厚均匀分布的假设下，开剖面薄壁结构是不能承受扭矩的。而这个结论并不适合限制扭转情况。另外，对于壁板厚度较大时，剪应力沿壁厚均匀分布的假设也不适用，剪应力沿壁厚呈线性分布，自由扭转的剪应力 τ_k 沿壁厚分布如图 5-51(b)所示。由此可知，限制扭转时，剖面上将产生三种应力，即限制扭转附加正应力 σ_ω、限制扭转附加剪应力 τ_ω 和自由扭转的剪应力 τ_k。根据静力平衡条件，σ_ω 在剖面内自身平衡，而扭矩 M_z 由 τ_ω 和 τ_k 来平衡。

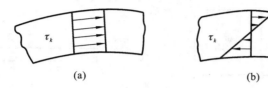

图 5-51　切应力分布

闭剖面薄壁结构在扭矩 M_z 作用下也存在限制扭转问题，如图 5-52 所示，由于扭转，剖面将发生翘曲，在固定端翘曲受到限制，于是在剖面上引起相应的正应力 σ_ω 和剪应力 τ_ω，其分布规律如图 5-53 所示。而自由端的翘曲不受限制，自由端的 σ_ω 和 τ_ω 均为零。显然，越靠近固定端限制扭转的效应越严重，而自由端则不会出现限制扭转现象。因而附加法向应力 σ_ω 和剪应力 τ_ω 沿纵向是变化的。实验与理论分析表明，正应力 σ_ω 沿纵向的变化规律按指数衰减，在固定端附近正应力 σ_ω 变化急剧，其值也较大。

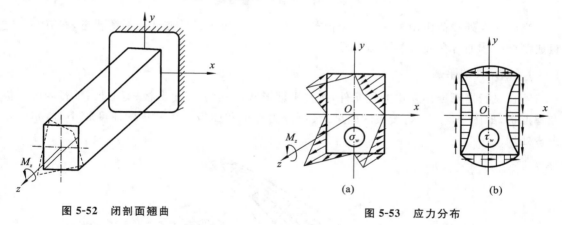

图 5-52　闭剖面翘曲　　　　　　　　　图 5-53　应力分布

关于限制弯曲和限制扭转问题的分析与计算是很复杂的，在前面所做的正应变平面分布假设已不再适用。目前，由于电子计算机的广泛应用，用有限单元法使这类问题能够容易地得到解决。

5.9　板杆式薄壁结构元件的平衡及内力分析

5.9.1　板杆式薄壁结构元件的平衡

板杆式薄壁结构可看成是仅由板、杆和节点所组成的受力系统。外力只作用在节点上，而节点又以集中力（杆端轴力）形式传递给所连接的杆,杆又把节点传来的集中力以剪流形式传递给所连接的板。因此,节点只受到外力和杆端轴力的作用;杆受杆端轴力和沿杆轴方向剪流的作用;板只受由杆传递的剪流作用。如图 5-54 所示的板杆式薄壁结构,杆 32、节点 3 和板 2345 的受力情况分别由图 5-54(b)、(c)、(d)所示。

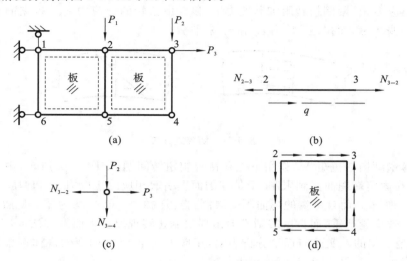

图 5-54　板杆式薄壁结构

当结构在外载荷作用下处于平衡状态时,结构中的每个元件亦处于平衡状态,本节将研究组成薄壁结构的各种元件的平衡情况。

1. 板元件的平衡

镶在飞行器薄壁结构中的板元件,按其平面形状,一般有三角形板、矩形板、平行四边形板和梯形板,如图 5-55 所示;按板的曲度,又可分为平板和曲板。当蒙皮的曲度较小时,亦可作平板处理。

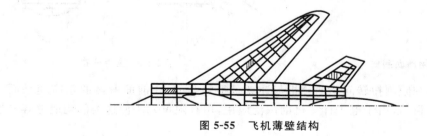

图 5-55　飞机薄壁结构

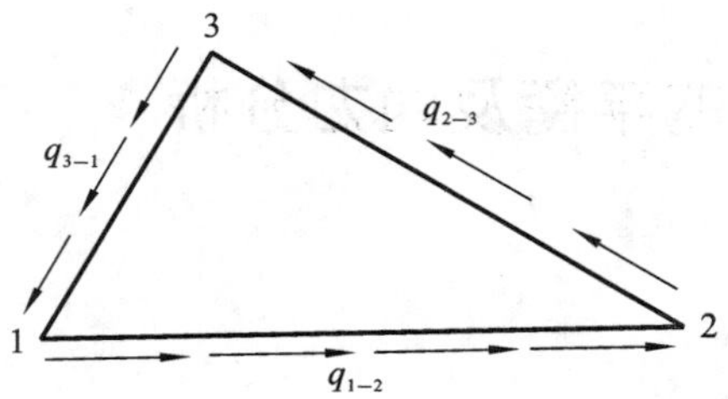

1）三角形板

把三角形板从薄壁结构中取出作分离体,作用在三角形板上的力只有和它相连的三个杆的剪流,而且每边的剪流为一常值。设 $q_{1\text{-}2}$、$q_{2\text{-}3}$ 和 $q_{3\text{-}1}$ 分别表示杆作用在板三边上的未知剪流,剪流指向由 $q_{i\text{-}j}$ 的下角标 i-j 表示,即表示剪流由 i 指向 j,如图 5-56 所示。

三角板仅在 $q_{1\text{-}2}$、$q_{2\text{-}3}$ 和 $q_{3\text{-}1}$ 作用下平衡,因此,

图 5-56　三角板

$$
\begin{cases}
\sum M_1 = 0 \Rightarrow q_{2\text{-}3} = 0 \\
\sum M_2 = 0 \Rightarrow q_{3\text{-}1} = 0 \\
\sum M_3 = 0 \Rightarrow q_{1\text{-}2} = 0
\end{cases}
\tag{5-93}
$$

由式(5-93)可知,在板杆薄壁结构计算模型中,三角形板各边剪流均为零。这表明它在结构中是不受力的。这是因为铰接三角形骨架(杆)本身是几何不变的静定系统,它可以承受节点外力,而不可能以剪流形式传给三角形板。

但是这个结论只是在板较薄且采用了剪流假设时才正确。如果壁板较厚,或者板周围又没有骨架加强的情况下,这时,板内除剪流外还将出现正应力,因而,板只受剪切的假设将不能采用,三角形板不受力的结论就不适用了。在实际的薄壁结构中,三角形板还起着传递气动力和增强刚性的作用。

2)矩形板

设矩形板四个边的未知剪流为 $q_{2\text{-}1}$、$q_{2\text{-}3}$、$q_{4\text{-}1}$ 和 $q_{4\text{-}3}$,如图 5-57 所示。板在这四个剪流作用下处于平衡,则

$$
\begin{cases}
\sum X = 0 \Rightarrow q_{2\text{-}1} = q_{4\text{-}3} \\
\sum Y = 0 \Rightarrow q_{2\text{-}3} = q_{4\text{-}1} \\
\sum M_1 = 0 \Rightarrow q_{2\text{-}3} = q_{4\text{-}3}
\end{cases}
\tag{5-94}
$$

故

$$
q_{2\text{-}1} = q_{2\text{-}3} = q_{4\text{-}1} = q_{4\text{-}3} = q
$$

由式(5-94)可知,矩形板四边剪流相等。一块常剪流矩形板只有一个独立未知的内力 q。在几何上,一块矩形板相当于起一个约束作用。剪流的方向在四个角点上总是相对或相背的。

3)平行四边形板

与矩形板类似,用平衡条件同样可以得到它的四边剪流也是相等的结论,即

$$
q_{2\text{-}1} = q_{2\text{-}3} = q_{4\text{-}3} = q_{4\text{-}1} = q \tag{5-95}
$$

所以一个平行四边形板也只有一个独立的未知内力。但是它与矩形板所不同的是,在垂直平行边的截面上还有正应力,如图 5-58 所示。

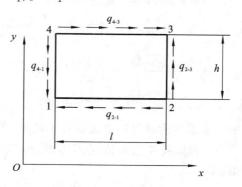

图 5-57 矩形板

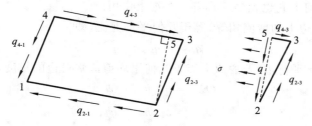

图 5-58 平行四边形板

4）梯形板

梯形板如图 5-59 所示，也有四个未知剪流，设两底边剪流为 q_{4-1} 和 q_{2-3}，两腰边剪流为 q_{2-1} 和 q_{4-3}。

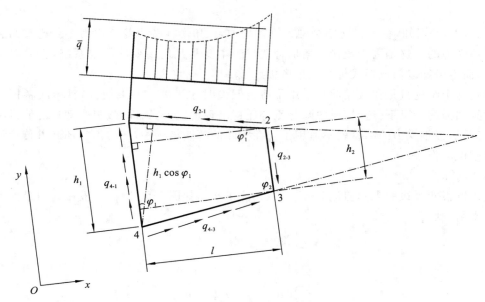

图 5-59　梯形板

梯形板在四边剪流作用下处于平衡，由平衡条件

$$
\begin{cases}
\sum F_x = 0 \Rightarrow q_{2-1} \dfrac{l}{\cos\varphi_1}\cos\varphi_1 = q_{4-3}\dfrac{l}{\cos\varphi_2}\cos\varphi_2 \Rightarrow q_{2-1} = q_{4-3} = q \\[2mm]
\sum M_4 = 0 \Rightarrow q_{2-1}\dfrac{l}{\cos\varphi_1}h_1\cos\varphi_1 - q_{2-3}h_2 l = 0 \Rightarrow q_{2-3} = q\dfrac{h_1}{h_2} \\[2mm]
\sum M_2 = 0 \Rightarrow q_{4-1} = q\dfrac{h_2}{h_1}
\end{cases}
\tag{5-96}
$$

可知梯形板平衡时各边剪流的几个特点：

（1）梯形板各边剪流是不等的，但四边的剪流都可用一个剪流 q 来表示。由式（5-96）可得：

$$
\overline{q} = \sqrt{q_{2-1}q_{4-3}} = \sqrt{q_{2-3}q_{4-1}}
\tag{5-97}
$$

$\overline{q}$ 称为梯形板的几何平均剪流，即等于两相对边剪流的平均值。因此，梯形板也只有一个独立的未知力，在几何上它也相当于具有一个约束作用。

（2）梯形板两腰边上的剪流相等，等于几何平均剪流，即

$$
q_{2-1} = q_{4-3} = \overline{q}
\tag{5-98}
$$

（3）梯形板底边（平行边）上的剪力等于几何平均剪流乘对边的长度，即

$$
Q_{4-1} = q_{4-1}h_1 = \overline{q}h_2
\tag{5-99}
$$

$$
Q_{2-3} = q_{2-3}h_2 = \overline{q}h_1
\tag{5-100}
$$

（4）梯形板剪流的方向，在四个角点上总是相对或相背的。

应当指出，梯形板两腰边上的剪流并不是常值，我们用几何平均剪流来表示，其剪流分布

如图 5-59 虚线所示。因此,常剪流的假设对梯形板是近似的,当 φ_1 和 φ_2 角较大时会引起较大的误差。

5) 曲板

图 5-60 所示的是四边形曲板。图 5-60(a)所示的基面是矩形的曲板,图 5-60(b)所示的基面是梯形的曲板。由平衡条件可知,它们的四边剪流关系与相对应的平板相同。因此,一块曲板也只有一个独立未知力 q,也相当于具有一个约束作用。

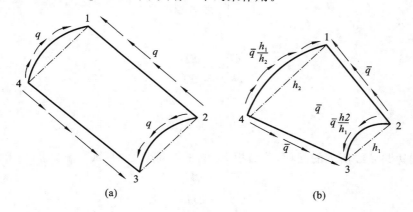

图 5-60　曲板

(a)矩形曲板;(b)梯形曲板

为解题计算方便,下面将分析曲边上剪流合力的大小和作用线位置。图 5-61 所示的为某一曲边,设曲边上剪流为 q,曲边的弦长为 h。

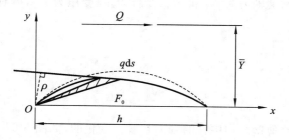

图 5-61　曲边上剪流

先求曲边剪流合力大小:在曲边上取一微段 ds,微段剪流合力为 qds,沿曲边切线方向。其水平分量为 qdx,垂直分量为 qdy,沿曲边积分,可得:

$$Q_x = \int_0^h q\mathrm{d}x = qh \tag{5-101}$$

$$Q_y = \int_0^h q\mathrm{d}y = 0 \tag{5-102}$$

所以曲边剪流合力平行于弦线,指向与 q 的流向相同,剪流合力值为剪流与弦线长度的乘积,即

$$Q = qh \tag{5-103}$$

再求曲边剪流合力 Q 作用线位置。

设剪流合力 Q 的作用线与弦线的距离为 $\overline{Y}$,如图 5-61 所示。由于剪流 q 与其合力 Q 是等

效的,对 O 点取力矩,可得:

$$Q\overline{Y} = \int_s \rho q \, \mathrm{d}s = q \int_s \rho \, \mathrm{d}s \tag{5-104}$$

式中: ρ 为微段 $\mathrm{d}s$ 的切线到矩心的垂直距离。$\rho \mathrm{d}s$ 为底边为 $\mathrm{d}s$ 的小三角形面积的 2 倍,所以积分 $\int_s \rho \mathrm{d}s$ 为曲边与弦线所围面积的 2 倍,用 Ω 表示,有

$$\Omega = \int_s \rho \, \mathrm{d}s = 2F \tag{5-105}$$

所以

$$Q\overline{Y} = q\Omega \tag{5-106}$$

$$qh\overline{Y} = q\Omega \tag{5-107}$$

可得:

$$\overline{Y} = \frac{\Omega}{h} = \frac{2F_0}{h} \tag{5-108}$$

式中: F_0 为曲边与弦线所围的面积,若面积 F_0 的平均高度为 H,则

$$F_0 = hH \tag{5-109}$$

$$\overline{Y} = 2H \tag{5-110}$$

所以,曲边剪流合力作用线位置在曲边周线外侧,为弓形曲面平均高度的 2 倍。

2. 杆元件的平衡

板杆式薄壁结构中的杆元件,除了在杆端承受节点传来的轴力外,还存在板杆间相互作用的剪流。设任一杆 ij,两端轴力为 N_{ij} 和 N_{ji}(受拉为正,受压为负),板对杆的作用剪流为 q,如图 5-62 所示。

由平衡条件可得:

$$\sum F_x = 0, \quad N_{ij} = N_{j1} + ql \tag{5-111}$$

$$q = \frac{N_{ij} - N_{j1}}{l} \tag{5-112}$$

剪流 q 为常值,因此薄壁结构中杆的轴力是线性变化的,如图 5-62 所示。若剪流已知时,杆一端轴力就可用另一端轴力来表示。所以,杆两端的两个轴力,只有一个是独立变量,一个杆也只有一个约束作用。当结构在承受外力作用时,杆端轴力可为正,可为负,也可为零,图 5-62 给出了杆的不同受力情况。

5.9.2　板杆式薄壁结构元件的内力分析

静定薄壁结构,仅用平衡方程即可求得全部未知内力。板杆式薄壁结构的计算模型与桁架的类似,解桁架内力所用的方法,如判断零端力杆、节点法和截面法都可以适用于薄壁结构。

薄壁结构中的零端力杆,是指杆在该端轴力为零。因为杆的轴力是线性变化的,因而杆另一端的轴应由平衡方程去计算或判定。先判断零端力杆,可使计算大大简化。

用节点法时,一般应取节点平衡和杆元件的平衡相互配合使用。取节点平衡可求出该节点的轴力。取杆元件的平衡可由杆端轴力求出相应板的剪流,或者由已知杆一端轴力和板的

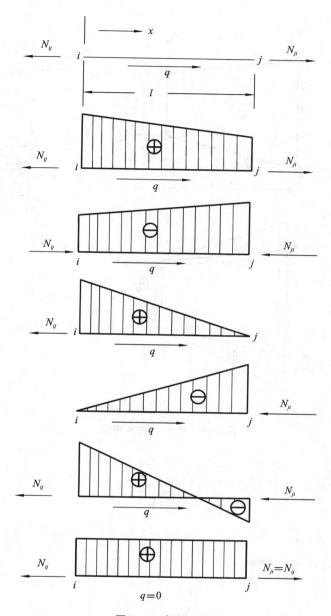

图 5-62　杆的平衡

剪流，求得杆另一端的轴力。

　　用截面法时，因为薄壁结构元件有杆和板，而杆轴力又是变化的，所以截面通常取在杆的端部，并以杆端轴力代替截面杆的作用，在板的切口处以未知剪流代替切去的板的作用，用截下部分的平衡条件可求得截开处杆的轴力和板的剪流。

　　[**例 5-13**]　试求 5-63（a）所示的薄壁梁在载荷 P 作用下的内力。

　　解　该结构为静定结构。节点 2 的载荷为 P，由零端力杆分析原则，可知

$$N_{2\text{-}1} = N_{3\text{-}2} = N_{3\text{-}4} = 0$$

取节点 2 为分离体，由图 5-63（b）列节点平衡条件：

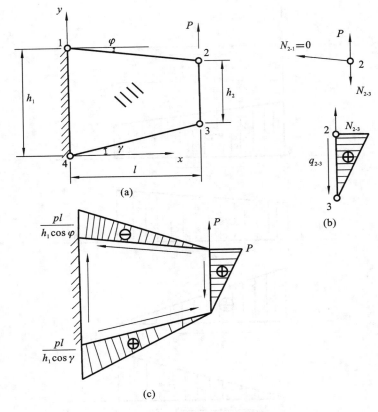

图 5-63　例 5-13 的梯形梁

$$\sum Y = 0 \Rightarrow N_{2\text{-}3} = P$$

取杆 23 作为分离体，由杆平衡条件可得：

$$N_{2\text{-}3} - q_{2\text{-}3}h_2 = 0$$

$$q_{2\text{-}3} = \frac{P}{h_2}$$

由梯形板各边剪流关系可得：

$$q_{2\text{-}3}h_2 = \overline{q}h_1$$

$$\overline{q} = q_{2\text{-}3}\frac{h_2}{h_1} = \frac{P}{h_2}$$

然后由杆 12 和杆 34 的平衡条件，可得轴力为

$$N_{1\text{-}2} = -\overline{q}\frac{l}{\cos\varphi} = -\frac{P}{h_1}\frac{l}{\cos\varphi}$$

$$N_{4\text{-}3} = \overline{q}\frac{l}{\cos\gamma} = \frac{P}{h_1}\frac{l}{\cos\gamma}$$

把计算结果作内力图，如图 5-63(c)所示，图中剪流的方向是表示板作用于杆上的剪流方向。

[**例 5-14**]　试求图 5-64(a)所示的平面薄壁结构在图示载荷作用下的内力。

解　先假设各板对杆的剪流方向如图 5-64(b)所示，若以后求出的剪流为正，即与假设方

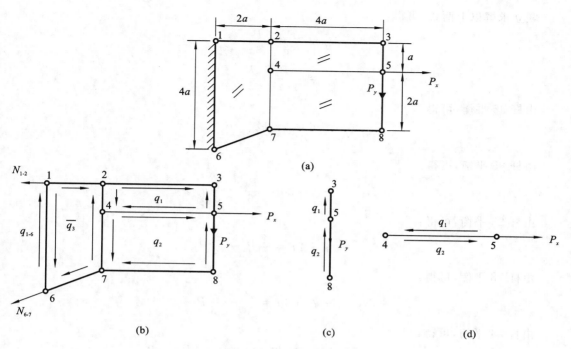

图 5-64　例 5-14 平面薄壁结构

向相同,否则相反。由判定零端力杆的规则可知

$$N_{3\text{-}2} = N_{3\text{-}5} = N_{8\text{-}5} = N_{8\text{-}7} = N_{2\text{-}4} = N_{4\text{-}5} = 0$$

切去左边支持部分,用支反力 $N_{1\text{-}2}$、$N_{6\text{-}7}$ 和 $q_{1\text{-}6}$ 代替其作用,由平衡条件可得:

$$\sum M_6 = 0, \quad N_{1\text{-}2} \cdot 4a - P_x \cdot 3a - P_y \cdot 6a = 0, \quad N_{1\text{-}2} = \frac{3}{4}P_x + \frac{3}{2}P_y$$

$$\sum M_7 = 0, \quad -q_{1\text{-}6} \cdot 4a \cdot 2a + N_{1\text{-}2} \cdot 3a - P_x \cdot 2a - P_y \cdot 4a = 0$$

$$q_{1\text{-}6} = \frac{3}{8a}\left(\frac{3}{4}P_x + \frac{3}{2}p_y\right) - \frac{P_x}{4a} - \frac{P_y}{2a} = \frac{P_x}{32a} + \frac{P_y}{16a}$$

由梯形板剪流关系,可得几何平均剪流为

$$\bar{q} = q_{1\text{-}6}\frac{4a}{3a} = \frac{P_x}{24a} + \frac{P_y}{12a}$$

又由

$$\sum X = 0, \quad -N_{1\text{-}2} + P_x - N_{6\text{-}7}\cos\varphi = 0$$

$$N_{6\text{-}7} = \frac{-\dfrac{3}{4}P_x - \dfrac{3}{2}P_y + P_x}{\dfrac{2}{\sqrt{5}}} = \frac{\sqrt{5}}{8}P_x - \frac{3\sqrt{5}}{4}P_y$$

由杆 45 的平衡,如图 5-64(d)所示,可得:

$$(q_2 - q_1)4a + P_x = 0$$

由杆 358 的平衡,如图 5-64(c)所示,可得:

$$q_1 a + 2q_2 a - P_y = 0$$

联立求解以上两式,可得:

$$q_1 = \frac{P_x}{6a} + \frac{P_y}{3a}$$

$$q_2 = \frac{-P_x}{12a} + \frac{P_y}{3a}$$

由杆 35 平衡,可得:

$$N_{5\text{-}3} = q_1 a = \frac{P_x}{6} + \frac{P_y}{3}$$

由杆 85 平衡,可得:

$$N_{5\text{-}8} = -q_2 \cdot 2a = \frac{P_x}{6} - \frac{2}{3}p_y$$

由杆 23 平衡,可得:

$$N_{2\text{-}3} = q_1 \cdot 4a = \frac{2}{3}P_x + \frac{4}{3}P_y$$

由杆 78 平衡,可得:

$$N_{7\text{-}8} = -q_2 \cdot 4a = \frac{P_x}{3} - \frac{4}{3}P$$

由杆 24 平衡,可得:

$$N_{4\text{-}2} = (q_{4\text{-}2} - q_1)a = \left(\bar{q}\frac{4a}{3a} - q_1\right)a = -\frac{P_x}{9} - \frac{2}{9}P_y$$

由杆 47 平衡,可得:

$$N_{7\text{-}4} = N_{4\text{-}7} + \left(\bar{q}\frac{4a}{3a} - q_2\right)2a = N_{4\text{-}2} + \left(\bar{q}\frac{4}{3} - q_2\right)2a = \frac{P_x}{6} - \frac{2}{3}P_y$$

由杆 67 平衡,可得:

$$N_{7\text{-}6} = N_{6\text{-}7} + \bar{q}l_{6\text{-}7} = \frac{\sqrt{5}}{6}P_x - \frac{2}{3}\sqrt{5}P_y$$

如设 $P_x = 3600$ N,$P_y = 7200$ N,$a = 5$ cm,则系统内力图如图 5-65 所示。

习　　题

1. 对比分析材料力学、弹性力学和飞行器结构力学中关于扭转问题的计算方法。

2. 锥形悬臂机翼简化模型如图 5-66 所示,自由端承受 100 kN 的集中载荷。计算中央截面上的杆元轴力和板元剪流。4 个梁缘条截面积为 900 mm²,两个长桁截面积为 1200 mm²。

3. 如图 5-67 所示的单闭室剖面简化模型,梁腹板和蒙皮厚度为 t,前梁缘条面积为 $2A$,后梁缘条面积为 A。前后梁高度为 x,前后梁弦向距离为 $2x$。假设壁板不承受正应力,试求剖面的弯心位置。

4. 如图 5-68 所示的承扭双闭室简化模型,设壁板不承受正应力,只承受切应力。壁板厚度为 t(数值上 $t = r/50$),桁条集中面积为 A,材料剪切模量为 G。双闭室承受扭矩为 T(数值上 $T = 100r^2$)。(1)求整个剖面的形心主(惯性)矩 I_x;(2)求双闭室剪流的分布。

5. 如图 5-69 所示的双闭室剖面结构,由上下蒙皮和前梁、中梁、后梁组成。设壁板不承

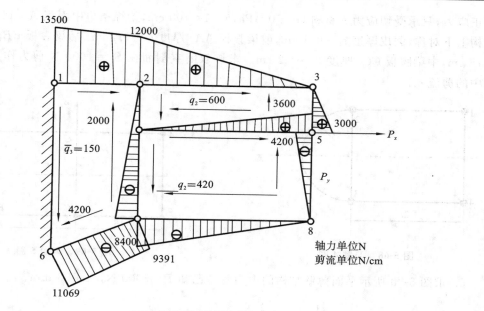

图 5-65 剪流分布

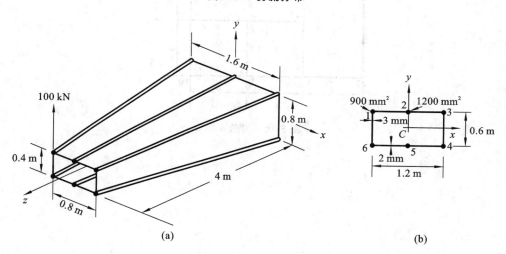

(a)

(b)

图 5-66 习题 2 图

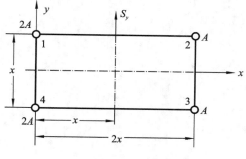

图 5-67 习题 3 图

受正应力，只承受切应力。材料 $G=70$ GPa，$b=h=100$ cm，梁缘条集中面积 $A=15$ cm^2，已知结构上下对称，蒙皮厚度 $t_1=0.1$ cm，前梁腹板 AA_1 厚度 $t_2=0.2$ cm，后梁腹板 BB_1 厚度 $t_3=0.15$ cm，中梁腹板 CC_1 厚度 $t_4=0.2$ cm。求该双闭室剖面在 $S_y=1000$ N 剪力作用下，求剖面中的剪流 q_s。

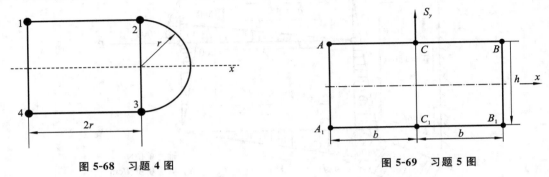

图 5-68　习题 4 图　　　　　　　　图 5-69　习题 5 图

6. 求图 5-70 所示平面薄壁结构的内力图。已知 $P=3000$ N，$a=100$ mm。

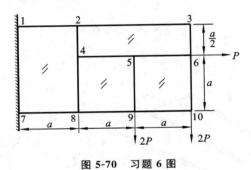

图 5-70　习题 6 图

第六章 薄板弯曲与稳定性

6.1 引　　言

如图 6-1 所示的小球，它们所处的平衡状态具有不同的性质：

（1）A 点所示的凹面中的小球，在重力和支反力的作用下保持平衡。当它受到微小、瞬时、随机发生的侧向干扰力之后，小球会偏离原来的平衡位置。当干扰力撤去之后，它仍能回到原来的平衡位置，这种平衡是稳定的。

（2）B 点所示的凸面顶点处于平衡的小球，如果有一微小侧向干扰力使其偏离平衡位置，当干扰力撤去之后，则小球将继续沿着凸面滚动，不能回到原来的平衡位置，这种平衡是不稳定的。

（3）C 点所示的平面上处于平衡的小球，受到干扰力偏离原来的平衡位置，当干扰力撤去之后，它会在任何一个新的位置达到新的平衡，这种平衡称为随遇平衡或中立平衡。随遇平衡是介于稳定平衡和不稳定平衡的一种临界状态。

对于图 6-2 所示的受压杆，当轴向压力 P 超过某一临界值 P_{cr} 时，杆件将由原来的稳定平衡状态突然转变为不稳定平衡状态，此载荷的临界值 P_{cr} 就称为压杆失稳的临界载荷。

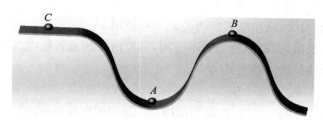

图 6-1　小球的三种平衡

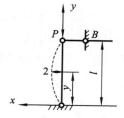

图 6-2　压杆失稳

飞行器结构中的薄壁结构（杆、板、加筋板）受压或者受剪的时候都存在一个临界载荷。本章从薄板挠曲微分方程出发，推导薄板屈曲微分方程，讨论薄板和加筋板的屈曲形式及理论计算公式、工程计算方法。

6.2 压杆失稳回顾

由压杆欧拉临界载荷公式，可知欧拉临界应力为

$$\sigma_{cr} = \frac{F_{cr}}{A} = \frac{\pi^2 EI}{A(\mu l)^2} \tag{6-1}$$

横截面的最小惯性半径为

$$i_{min} = \sqrt{I_{min}/A} \tag{6-2}$$

则

$$\sigma_{cr} = \frac{\pi^2 E}{(\mu l/i_{min})^2} \tag{6-3}$$

令 $\lambda = \dfrac{\mu l}{i_{min}}$，为压杆的柔度或细长比，是无量纲量。它反映了杆端的约束情况（μ）、杆的长度（l）、横截面的尺寸和形状（i_{min}）等因素对临界应力的综合影响。

$$\sigma_{cr} = \frac{\pi^2 E}{\lambda^2} \tag{6-4}$$

一般来说，压杆在不同纵向平面内（i 不同）具有不同的柔度值，压杆的临界应力应该按最大柔度值进行计算：

$$\sigma_{cr} = \frac{\pi^2 E}{(\mu l/i_{min})^2} = \frac{\pi^2 E}{\lambda_{max}^2} \tag{6-5}$$

当 $\sigma_{cr} = \dfrac{\pi^2 E}{\lambda^2} \leqslant \sigma_p$ 时，才能采用欧拉公式计算压杆的临界应力。

$$\lambda \geqslant \sqrt{\frac{\pi^2 E}{\sigma_p}} = \lambda_p \tag{6-6}$$

即当 $\lambda \geqslant \lambda_p$ 时，称为大柔度杆（或者细长杆），即欧拉临界应力公式适用于压应力小于比例极限 σ_p 的场合。λ_p 仅与材料性质有关，对于 Q235 钢：$\sigma_p = 200$ MPa，$E = 200$ GPa。

$$\lambda_p = \sqrt{\frac{\pi^2 \times 200 \times 10^9}{200 \times 10^6}} \approx 100 \tag{6-7}$$

对于 Q235 钢制成的压杆，只有 $\lambda \geqslant 100$，欧拉临界应力公式才可使用。

中长压杆的临界应力超过了比例极限，因此欧拉公式不适用，一般由直线或者抛物线经验公式计算。中长压杆的临界应力的直线经验计算公式为

$$\sigma_{cr} = a - b\lambda \tag{6-8}$$

适用范围：$\sigma_p \leqslant \sigma_{cr} = a - b\lambda \leqslant \sigma_s$。当 $\lambda_s \leqslant \lambda \leqslant \lambda_p$ 时，称为中柔度压杆或中长压杆。

令

$$\lambda_s = \frac{a - \sigma_s}{b} \tag{6-9}$$

当 $\lambda \leqslant \lambda_s$ 时，称为短粗杆。短粗杆不存在受压失稳现象，但仍存在不能超过静强度限制要求。综上所述，绘制压杆的临界应力总图如图 6-3 所示。此图反映了压杆的临界应力随柔度的变化情况：压杆的临界应力随着其柔度的增大而减小。

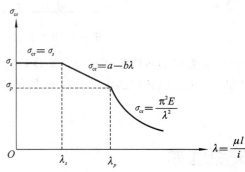

图 6-3　压杆临界应力总图

6.3　薄板挠曲方程

6.3.1　薄板的基尔霍夫假设

两个平行面和垂直于这两个平行面的柱面或棱柱面所围成的物体称为平板，或简称为板。这两个平行面称为板面，柱面或棱柱面称为侧面或者板边。薄板区别于厚板，通常情况下板的厚度 t 与板面的最小尺寸 b 的比值满足如下条件：

$$\left(\frac{1}{100} \sim \frac{1}{80}\right) < \frac{t}{b} < \left(\frac{1}{8} \sim \frac{1}{5}\right)$$

则称为薄板。

我们把平分板厚度的平面称为中面。将坐标原点取于中面内的一点，x 和 y 轴在中面内，z 轴垂直向下，如图 6-4 所示。

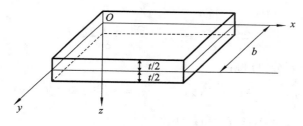

图 6-4　薄板及坐标系

当薄板受到一般载荷时，可以把每一个载荷分解为两个分量：一个是垂直于中面的横向载荷；另一个是作用于中面之内的纵向载荷。对于纵向载荷，可认为它沿薄板厚度均匀分布，按平面应力问题进行计算。

当薄板同时受到横向载荷及纵向载荷时，如果纵向载荷很小，则中面内力也很小，它对于薄板弯曲的影响可以忽略不计。那么，我们就可以分别计算两种载荷引起的应力，然后叠加。但是，如果中面内力并非很小，则必须考虑中面内力对弯曲的影响，类似于材料力学中梁的纵横弯曲问题。

薄板小挠度弯曲问题，通常采用基尔霍夫假设。

（1）直法线假设：在变形前垂直于中面的直线，变形后仍为直线，并垂直于弯曲后的中面，且其长度不变。

$$\gamma_{xz} = 0, \quad \gamma_{yz} = 0, \quad \varepsilon_z = 0 \tag{6-10}$$

（2）与 σ_x、σ_y、τ_{xy} 相比，垂直于中面方向的正应力 σ_z 很小，在计算应变时可以忽略不计。

$$\sigma_z \ll \sigma_x, \sigma_y, \tau_{xy} \tag{6-11}$$

（3）薄板弯曲时，中面内各点只有垂直位移，而无 x 和 y 方向的位移。

$$u_{z=0} = 0, \quad v_{z=0} = 0 \tag{6-12}$$

进一步由几何方程可得：

$$(\varepsilon_x)_{z=0} = 0, \quad (\varepsilon_y)_{z=0} = 0, \quad (\gamma_{xy})_{z=0} = 0 \tag{6-13}$$

6.3.2　薄板挠曲微分方程

从空间问题的基本方程出发,应用 3 个计算假定进行简化,导出按位移求解薄板弯曲问题的基本方程,具体步骤如下:

(1) 取挠度 $w(x,y)$ 为基本未知函数。

(2) 将以下物理量均用 w 来表示:纵向位移 u、v;主要应变分量 ε_x、ε_y、γ_{xy};主要应力分量 σ_x、σ_y、τ_{xy};次要应力分量 τ_{zx}、τ_{zy}、σ_z。

(3) 导出求解 w 的方程。

(4) 导出板边的边界条件。

具体实施如下:

(1) 取挠度 $w = w(x,y)$ 为基本未知函数。应用几何方程及计算假定 1,有

$$\varepsilon_z = \frac{\partial w}{\partial z} = 0, \quad w = w(x,y) \tag{6-14}$$

(2) 纵向位移 u、v 用 w 表示。应用几何方程及计算假定 2,有

$$\gamma_{zx} = 0, \quad \gamma_{zy} = 0 \tag{6-15}$$

$$\frac{\partial u}{\partial z} + \frac{\partial w}{\partial x} = 0, \quad \frac{\partial v}{\partial z} + \frac{\partial w}{\partial y} = 0 \tag{6-16}$$

式(6-16)两边对 z 积分,可得:

$$u = -\frac{\partial w}{\partial x}z + f_1(x,y), \quad v = -\frac{\partial w}{\partial y}z + f_2(x,y) \tag{6-17}$$

又由计算假定 3,$(u,v)_{z=0} = 0$,故 $f_1 = f_2 = 0$。

$$u = -\frac{\partial w}{\partial x}z, \quad v = -\frac{\partial w}{\partial y}z \tag{6-18}$$

(3) 主要应变分量 ε_x、ε_y、γ_{xy} 用 w 表示。

应用其余 3 个几何方程,可得:

$$\varepsilon_x = -\frac{\partial^2 w}{\partial x^2}z, \quad \varepsilon_y = -\frac{\partial^2 w}{\partial y^2}z, \quad \gamma_{xy} = -2\frac{\partial^2 w}{\partial x \partial y}z \tag{6-19}$$

(4) 主要应力分量 σ_x、σ_y、τ_{xy} 用 w 表示。

应用薄板的 3 个物理方程及式(6-19),可得:

$$\begin{cases} \sigma_x = -\dfrac{Ez}{1-\mu^2}\left(\dfrac{\partial^2 w}{\partial x^2} + \mu\dfrac{\partial^2 w}{\partial y^2}\right) \\[3mm] \sigma_y = -\dfrac{Ez}{1-\mu^2}\left(\dfrac{\partial^2 w}{\partial y^2} + \mu\dfrac{\partial^2 w}{\partial x^2}\right) \\[3mm] \tau_{xy} = -\dfrac{Ez}{1+\mu}\dfrac{\partial^2 w}{\partial x \partial y} \end{cases} \tag{6-20}$$

(5) 次要应力分量 τ_{zx}、τ_{zy} 用 w 表示。

应用平衡方程的前两式(其中纵向体力 $f_x = f_y = 0$),有

$$\frac{\partial \tau_{zx}}{\partial z} = -\frac{\partial \sigma_x}{\partial x} - \frac{\partial \tau_{yx}}{\partial y}, \quad \frac{\partial \tau_{zy}}{\partial z} = -\frac{\partial \sigma_y}{\partial y} - \frac{\partial \tau_{xy}}{\partial x} \tag{6-21}$$

代入式(6-20),并对 z 积分,可得:

$$
\begin{cases}
\tau_{zx} = \dfrac{Ez^2}{2(1-\mu^2)} \dfrac{\partial}{\partial x} \mathbf{\nabla}^2 w + F_1(x,y) \\[3mm]
\tau_{zy} = \dfrac{Ez^2}{2(1-\mu^2)} \dfrac{\partial}{\partial y} \mathbf{\nabla}^2 w + F_2(x,y)
\end{cases}
\tag{6-22}
$$

式中：

$$
\mathbf{\nabla}^2 = \frac{\partial^2}{\partial x^2} + \frac{\partial^2}{\partial y^2}
$$

因为上、下板面是大边界，必须精确满足应力边界条件：

$$
(\tau_{zx})_{z=\pm\delta/2} = 0, \quad (\tau_{zy})_{z=\pm\delta/2} = 0
\tag{6-23}
$$

由此求出 F_1 及 F_2，将 F_1、F_2 代入式(6-22)可得：

$$
\begin{cases}
\tau_{zx} = \dfrac{E}{2(1-\mu^2)}\left(z^2 - \dfrac{\delta^2}{4}\right) \dfrac{\partial}{\partial x} \mathbf{\nabla}^2 w \\[3mm]
\tau_{zy} = \dfrac{E}{2(1-\mu^2)}\left(z^2 - \dfrac{\delta^2}{4}\right) \dfrac{\partial}{\partial y} \mathbf{\nabla}^2 w
\end{cases}
\tag{6-24}
$$

（6）次要应力分量 σ_z 用 w 表示。

应用第三个平衡方程，有

$$
\frac{\partial \sigma_z}{\partial z} = -\frac{\partial \tau_{zx}}{\partial x} - \frac{\partial \tau_{yz}}{\partial y}
\tag{6-25}
$$

将式(6-24)代入式(6-25)，并对 z 积分，可得：

$$
\sigma_z = \frac{E}{2(1-\mu^2)}\left(\frac{\delta^2}{4}z - \frac{z^3}{3}\right)\mathbf{\nabla}^4 w + F_3(x,y)
\tag{6-26}
$$

由下板面的边界条件

$$
(\sigma_z)_{z=\delta/2} = 0
\tag{6-27}
$$

求出 F_3，故次要应力分量 σ_z 为

$$
\sigma_z = -\frac{E\delta^3}{6(1-\mu^2)}\left(\frac{1}{2} - \frac{z}{\delta}\right)^2\left(1 + \frac{z}{\delta}\right)\mathbf{\nabla}^4 w
\tag{6-28}
$$

（7）导出求解 w 的基本方程。

由上板面边界条件（属于静力平衡条件）得出在 A 域中求 w 的方程，即

$$
(\sigma_z)_{z=-\delta/2} = -q
\tag{6-29}
$$

联合式(6-28)与式(6-29)，可得：

$$
D\,\mathbf{\nabla}^4 w = q
\tag{6-30}
$$

式中：$D = \dfrac{E\delta^3}{12(1-\mu^2)}$ 为薄板的抗弯刚度。

6.3.3　薄板的内力

取出 $\delta\mathrm{d}x\mathrm{d}y$ 的六面体，如图 6-5 所示。

在 x 面上，有应力 σ_x、τ_{xy}、τ_{xz}；在 y 面上，有应力 σ_y、τ_{yx}、τ_{yz}。

x 面 $\delta \times 1$ 面积上应力的主矢和主矩计算如下。

σ_x 的合成主矢为 0，合成主矩称为弯矩，

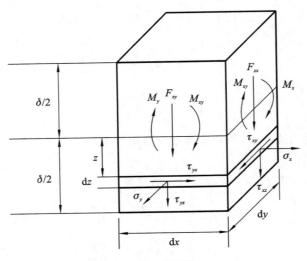

图 6-5　单元体

$$M_x = \int_{-\frac{\delta}{2}}^{\frac{\delta}{2}} z\sigma_x\,\mathrm{d}z = -D\left(\frac{\partial^2 w}{\partial x^2} + \mu\frac{\partial^2 w}{\partial y^2}\right) \tag{6-31}$$

τ_{xy} 的合成主矢为 0，合成主矩称为扭矩，

$$M_{xy} = \int_{-\frac{\delta}{2}}^{\frac{\delta}{2}} z\tau_{xy}\,\mathrm{d}z = -D(1-\mu)\frac{\partial^2 w}{\partial x\partial y} \tag{6-32}$$

τ_{xz} 的合成主矢称为横向剪力，

$$F_{sx} = \int_{-\frac{\delta}{2}}^{\frac{\delta}{2}} \tau_{xy}\,\mathrm{d}z = -D\frac{\partial}{\partial x}\,\boldsymbol{\nabla}^2 w \tag{6-33}$$

类似地，求出 y 面 $\delta\times1$ 面积上的内力：

$$\begin{cases} M_y = -D\left(\dfrac{\partial^2 w}{\partial y^2} + \mu\dfrac{\partial^2 w}{\partial x^2}\right) \\[2mm] M_{yx} = -D(1-\mu)\dfrac{\partial^2 w}{\partial x\partial y} \\[2mm] F_{sy} = -D\dfrac{\partial}{\partial y}\,\boldsymbol{\nabla}^2 w \end{cases} \tag{6-34}$$

微元体上的内力如图 6-6 所示，内力的正负号根据应力符号确定：正的应力方向的主矢量为正；正的应力×正的矩臂的力矩方向为正。薄板上的内力通过将所有微元体内力叠加汇总得到。

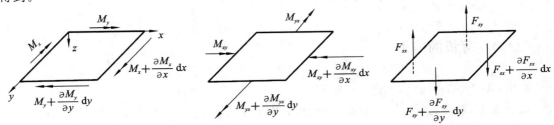

图 6-6　薄板微元体内力

6.4　四边简支矩形薄板的三角级数解

小挠度薄板的弯曲问题,可归结为求解挠度 w。w 应满足挠曲线微分方程 $D\nabla^4 w=q$ 和板边的边界条件。在上、下板面(大边界),已精确地满足了应力边界条件。板边为小边界,可以应用圣维南原理来简化边界条件,将板边的边界条件归结为中面的位移边界条件或中面的内力边界条件。

对于四边简支矩形板(见图 6-7),边界条件为

$$\begin{cases} \left(w,\dfrac{\partial^2 w}{\partial x^2}\right)_{x=0,a} = 0 \\[2mm] \left(w,\dfrac{\partial^2 w}{\partial y^2}\right)_{y=0,b} = 0 \end{cases} \tag{6-35}$$

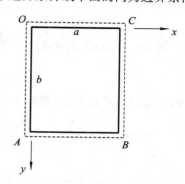

图 6-7　四边简支矩形板

代入式(6-31)及式(6-34)的第一式,可求得弯矩 M_x 和 M_y 都为 0,满足四边简支的条件。

纳维将 w 表示为重三角级数,即

$$w = \sum_{m=1}^{\infty} \sum_{n=1}^{\infty} A_{mn} \sin\frac{m\pi x}{a}\sin\frac{n\pi y}{b} \tag{6-36}$$

其中 m、n 为正整数。代入式(6-35),全部边界条件满足。

代入薄板挠曲微分方程,可得:

$$\pi^4 D \sum_{m=1}^{\infty} \sum_{n=1}^{\infty} \left(\frac{m^2}{a^2}+\frac{n^2}{b^2}\right)^2 A_{mn} \sin\frac{m\pi x}{a}\sin\frac{n\pi y}{b} = q \tag{6-37}$$

将 $q(x,y)$ 也展开为重三角级数,即

$$q = \sum_{m=1}^{\infty} \sum_{n=1}^{\infty} \left(\frac{4}{ab}\int_0^a\int_0^b q\sin\frac{m\pi x}{a}\sin\frac{n\pi y}{b}\mathrm{d}x\mathrm{d}y\right)\sin\frac{m\pi x}{a}\sin\frac{n\pi y}{b} \tag{6-38}$$

将 q 代入式(6-37),比较两边系数,可得:

$$A_{mn} = \frac{4\int_0^a\int_0^b q\sin\dfrac{m\pi x}{a}\sin\dfrac{n\pi y}{b}\mathrm{d}x\mathrm{d}y}{\pi^4 abD\left(\dfrac{m^2}{a^2}+\dfrac{n^2}{b^2}\right)^2} \tag{6-39}$$

纳维解法是用多种正弦波形的叠加来表示挠度 w 的。对于各种形式的载荷 q,均可方便地求出解答。它只能适用于四边简支的薄板。

当 q 为均布载荷时,$q=q_0$ 代入式(6-39),便可求出 A_{mn},并得出 w 的解答。

当 q 为集中载荷 F,作用于一点 (ξ,η) 时,可用 $\dfrac{F}{\mathrm{d}x\mathrm{d}y}$ 代替 q,并且只在 (ξ,η) 处的微分面积上存在,其余区域 $q=0$,于是式(6-39)中

$$\int_0^a\int_0^b \frac{F}{\mathrm{d}x\mathrm{d}y}\sin\frac{m\pi\xi}{a}\sin\frac{n\pi\eta}{b}\mathrm{d}x\mathrm{d}y = F\sin\frac{m\pi\xi}{a}\sin\frac{n\pi\eta}{b} \tag{6-40}$$

设矩形板的两对边 $x=0,a$ 为简支边,其余两边为任意边界,如图 6-8 所示。

莱维采用单三角级数表示挠度,即

$$w = \sum_{m=1}^{\infty} Y_m(y)\sin\frac{m\pi x}{a} \tag{6-41}$$

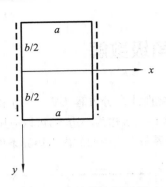

图 6-8　两边简支矩形板

其中 $Y_m(y)$ 是待定的函数，m 为正整数。式(6-41)已满足了 $x=0,a$ 的简支边条件，即

$$\left(w,\frac{\partial^2 w}{\partial x^2}\right)_{x=0,a} = 0 \tag{6-42}$$

将式(6-42)代入薄板挠曲微分方程，可得：

$$\sum_{m=1}^{\infty}\left[\frac{\mathrm{d}^4 Y_m}{\mathrm{d}y^4} - 2\left(\frac{m\pi}{a}\right)^2\frac{\mathrm{d}^2 Y_m}{\mathrm{d}y^2} + \left(\frac{m\pi}{a}\right)^4 Y_m\right]\sin\frac{m\pi x}{a} = \frac{q}{D}$$
$$\tag{6-43}$$

将 $\dfrac{q}{D}$ 也展开为如下单三角级数：

$$\frac{q}{D} = \frac{2}{a}\sum_{m=1}^{\infty}\left(\int_0^a \frac{q}{D}\sin\frac{m\pi x}{a}\mathrm{d}x\right)\sin\frac{m\pi x}{a} \tag{6-44}$$

代入式(6-43)，比较系数，得出求 Y_m 的常微分方程：

$$\frac{\mathrm{d}^4 Y_m}{\mathrm{d}y^4} - 2\left(\frac{m\pi}{a}\right)^2\frac{\mathrm{d}^2 Y_m}{\mathrm{d}y^2} + \left(\frac{m\pi}{a}\right)^4 Y_m = \frac{2}{aD}\int_0^a q\sin\frac{m\pi x}{a}\mathrm{d}x \tag{6-45}$$

解为

$$Y_m = A_m\cosh\frac{m\pi y}{a} + B_m\frac{m\pi y}{a}\sinh\frac{m\pi y}{a} + C_m\sinh\frac{m\pi y}{a} + D_m\frac{m\pi y}{a}\cosh\frac{m\pi y}{a} + f_m(y)$$
$$\tag{6-46}$$

其中 $f_m(y)$ 为式(6-45)的特解，其余 4 项为齐次方程的通解。将 Y_m 代入式(6-41)，求得 w，其中 A_m、D_m 的系数由其余两边界条件来确定。

纳维解法适用于四边简支，求解简便。莱维解法适用于两对边简支，另两边可取任意边界条件问题，求解较为困难，须求解系数 A_m、D_m，可推广应用到其他各种边界。应用叠加方法，可将莱维提出的单三角级数解用于解决各种矩形薄板的边界条件问题。纳维解法和莱维解法，不仅在薄板的静力(弯曲)问题中得到了广泛应用，而且可以推广应用于薄板的动力、稳定问题，以及能量法中。

6.5　薄板屈曲微分方程

在前面的讨论中，假定薄板只受横向载荷，并且假定薄板的挠度很小，可以不计中面内各点平行于中面的位移。这时，薄板的弹性曲面是中性面，不发生正应变和剪应变。这是薄板在横向载荷作用下的小挠度弯曲问题。当薄板在边界上受纵向载荷时，由于板很薄，可以假定只发生平行于中面的应力，而这些应力不沿薄板厚度的变化而变化。这是薄板在纵向载荷作用下的平面应力问题。这时，薄板每单位宽度上的平面应力将合成如下的所谓中面内力：

$$\begin{cases} N_x = t\sigma_x \\ N_y = t\sigma_y \\ N_{xy} = t\tau_{xy} \\ N_{yx} = t\tau_{yx} \end{cases} \tag{6-47}$$

式中:t 是薄板厚度;N_x 和 N_y 是单位宽度上的拉压力;N_{xy} 和 N_{yx} 是单位宽度上的纵向剪力。

当薄板同时受到横向载荷及上述纵向载荷时,如果纵向载荷很小,则中面内力也很小,它对于薄板弯曲的影响可以忽略不计。那么,就可以分别计算两种载荷引起的应力,然后叠加。但是,如果中面内力并非很小,则必须考虑中面内力对弯曲的影响。下面来导出薄板在这种情况下的弹性曲面微分方程。

试考虑薄板任一微分体的平衡,如图 6-9 所示,为简明起见,只画出该微分体的中面,并将横向载荷及薄板横截面上的内力用力矢和矩矢表示在中面上。

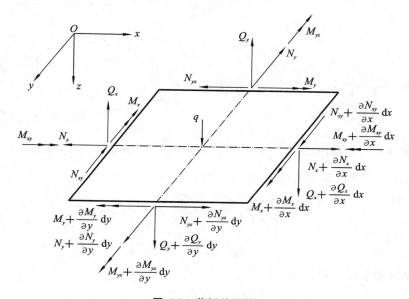

图 6-9　薄板单元体

通过微元体中心而平行于 z 轴的直线为矩轴,建立力矩平衡方程:

$$N_{xy} = N_{yx} \tag{6-48}$$

其次将所有力投影到 x 轴和 y 轴上,列出投影的平衡方程为

$$\begin{cases} \dfrac{\partial N_x}{\partial x} + \dfrac{\partial N_{yx}}{\partial y} = 0 \\ \dfrac{\partial N_{xy}}{\partial x} + \dfrac{\partial N_y}{\partial y} = 0 \end{cases} \tag{6-49}$$

将所有的力投影到 z 轴上:

(1) 横向载荷的投影为 $q\mathrm{d}x\mathrm{d}y$。

(2) 横向剪力的投影为

$$\left(Q_x + \frac{\partial Q_x}{\partial x}\mathrm{d}x \right)\mathrm{d}y - Q_x\mathrm{d}y + \left(Q_y + \frac{\partial Q_y}{\partial y}\mathrm{d}y \right)\mathrm{d}x - Q_y\mathrm{d}x = \left(\frac{\partial Q_x}{\partial x} + \frac{\partial Q_y}{\partial y} \right)\mathrm{d}x\mathrm{d}y \tag{6-50}$$

(3) 左右两边拉压力的投影(见图 6-10)为

$$- N_x\mathrm{d}y\frac{\partial w}{\partial x} + \left(N_x + \frac{\partial N_x}{\partial x}\mathrm{d}x \right)\mathrm{d}y\frac{\partial}{\partial x}\left(w + \frac{\partial w}{\partial x}\mathrm{d}x \right)$$
$$= \left(N_x\frac{\partial^2 w}{\partial x^2} + \frac{\partial N_x}{\partial x}\frac{\partial w}{\partial x} + \frac{\partial N_x}{\partial x}\frac{\partial^2 w}{\partial x^2}\mathrm{d}x \right)\mathrm{d}x\mathrm{d}y \tag{6-51}$$

略去高阶微量以后就得到投影

$$\left(N_x\frac{\partial^2 w}{\partial x^2}+\frac{\partial N_x}{\partial x}\frac{\partial w}{\partial x}\right)\mathrm{d}x\mathrm{d}y \tag{6-52}$$

（4）同理，前后两边拉压力的投影为

$$\left(N_y\frac{\partial^2 w}{\partial y^2}+\frac{\partial N_y}{\partial y}\frac{\partial w}{\partial y}\right)\mathrm{d}x\mathrm{d}y \tag{6-53}$$

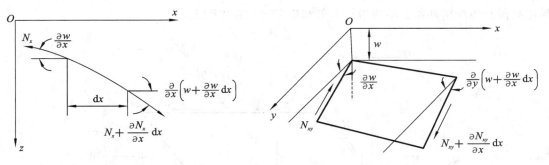

图 6-10 xz 平面投影   图 6-11 xy 平面投影

（5）左右两边上纵向剪力的投影（见图 6-11）为

$$-N_{xy}\mathrm{d}y\frac{\partial w}{\partial y}+\left(N_{xy}+\frac{\partial N_{xy}}{\partial x}\mathrm{d}x\right)\mathrm{d}y\frac{\partial}{\partial y}\left(w+\frac{\partial w}{\partial x}\mathrm{d}x\right)$$

$$=\left(N_{xy}\frac{\partial^2 w}{\partial x\partial y}+\frac{\partial N_{xy}}{\partial x}\frac{\partial w}{\partial y}+\frac{\partial N_{xy}}{\partial x}\frac{\partial^2 w}{\partial x\partial y}\mathrm{d}x\right)\mathrm{d}x\mathrm{d}y \tag{6-54}$$

在略去高阶微量以后就得到投影

$$\left(N_{xy}\frac{\partial^2 w}{\partial x\partial y}+\frac{\partial N_{xy}}{\partial x}\frac{\partial w}{\partial y}\right)\mathrm{d}x\mathrm{d}y \tag{6-55}$$

（6）前后两边上的纵向剪力的投影为

$$\left(N_{yx}\frac{\partial^2 w}{\partial x\partial y}+\frac{\partial N_{yx}}{\partial y}\frac{\partial w}{\partial x}\right)\mathrm{d}x\mathrm{d}y \tag{6-56}$$

将各项投影相加，并令其等于零，除以 $\mathrm{d}x\mathrm{d}y$，即得

$$q+\frac{\partial Q_x}{\partial x}+\frac{\partial Q_y}{\partial y}+N_x\frac{\partial^2 w}{\partial x^2}+\frac{\partial N_x}{\partial x}\frac{\partial w}{\partial x}+N_y\frac{\partial^2 w}{\partial y^2}+\frac{\partial N_y}{\partial y}\frac{\partial w}{\partial y}$$

$$+N_{xy}\frac{\partial^2 w}{\partial x\partial y}+\frac{\partial N_{xy}}{\partial x}\frac{\partial w}{\partial y}+N_{yx}\frac{\partial^2 w}{\partial x\partial y}+\frac{\partial N_{yx}}{\partial y}\frac{\partial w}{\partial x}=0 \tag{6-57}$$

利用式（6-48）及式（6-49），式（6-57）可简化为

$$q+\frac{\partial Q_x}{\partial x}+\frac{\partial Q_y}{\partial y}+N_x\frac{\partial^2 w}{\partial x^2}+2N_{xy}\frac{\partial^2 w}{\partial x\partial y}+N_y\frac{\partial^2 w}{\partial y^2}=0 \tag{6-58}$$

又由式（6-31）和式（6-34）中横向剪力的表达式，可得：

$$\frac{\partial Q_x}{\partial x}+\frac{\partial Q_y}{\partial y}=-D\left(\frac{\partial^2}{\partial x^2}+\frac{\partial^2}{\partial y^2}\right)\left(\frac{\partial^2}{\partial x^2}+\frac{\partial^2}{\partial y^2}\right)w=-D\,\nabla^4 w \tag{6-59}$$

即

$$D\,\nabla^4 w-\left(N_x\frac{\partial^2 w}{\partial x^2}+2N_{xy}\frac{\partial^2 w}{\partial x\partial y}+N_y\frac{\partial^2 w}{\partial y^2}\right)=q \tag{6-60}$$

式(6-60)即为薄板屈曲的基本微分方程。

6.6 薄板的屈曲载荷

现代飞行器机体大量采用了板杆结构,当其中的板件承受压缩、剪切载荷时,可能发生屈曲甚至因此而引起破坏,设计中应对其屈曲载荷及承载能力进行分析计算。机身上板框中的格板、纵向构件与框之间的蒙皮,以及翼面上的肋腹板、长桁与肋之间的蒙皮,都可作为平板进行简化处理。尽管蒙皮具有一定的曲率,但简化处理成平板偏安全。

以受单向轴压的四边简支矩形板为例,说明薄板临界载荷的求法。

图 6-12 所示的为一四边简支矩形板,两对边受均布压力 N 作用。于是中面内力为

$$N_x = -N, \quad N_y = 0, \quad N_{xy} = 0 \qquad (6\text{-}61)$$

代入薄板屈曲微分方程(见式(6-60)),可得:

$$D \nabla^4 w + N \frac{\partial^2 w}{\partial x^2} = 0 \qquad (6\text{-}62)$$

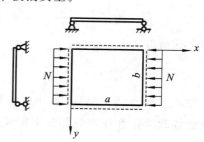

图 6-12 四边简支矩形板

与薄板小挠度弯曲问题一样,取 w 表达式为(Navier 解法)

$$w = \sum_{m=1}^{\infty} \sum_{n=1}^{\infty} A_{mn} \sin \frac{m\pi x}{a} \sin \frac{n\pi y}{b} \qquad (6\text{-}63)$$

它满足四边简支的边界条件,将式(6-63)代入式(6-62),可得:

$$D \sum_{m=1}^{\infty} \sum_{n=1}^{\infty} A_{mn} \left(\frac{m^2 \pi^2}{a^2} + \frac{n^2 \pi^2}{b^2} \right)^2 \sin \frac{m\pi x}{a} \sin \frac{n\pi y}{b} - N \sum_{m=1}^{\infty} \sum_{n=1}^{\infty} A_{mn} \frac{m^2 \pi^2}{a^2} \sin \frac{m\pi x}{a} \sin \frac{n\pi y}{b} = 0$$

$$(6\text{-}64)$$

整理可得:

$$\sum_{m=1}^{\infty} \sum_{n=1}^{\infty} A_{mn} \left[D \left(\frac{m^2}{a^2} + \frac{n^2}{b^2} \right)^2 - N \frac{m^2}{\pi^2 a^2} \right] \sin \frac{m\pi x}{a} \sin \frac{n\pi y}{b} = 0 \qquad (6\text{-}65)$$

由式(6-65)可见,如果纵向载荷 N 很小,则不论 m 及 n 取任何整数值,中括号内的数值总是大于零,因而所有系数 A_{mn} 都必须等于零,此时挠度等于零,它对应于薄板的平面平衡状态。但当 N 增大到某一值时,使中括号内的数值成为零,因而系数 A_{mn} 可以不为零而又能满足式(6-65),此时,薄板可能压缩屈曲,而它的挠度为

$$w = A_{mn} \sin \frac{m\pi x}{a} \sin \frac{n\pi y}{b} \qquad (6\text{-}66)$$

式中:m 和 n 分别表示薄板压缩屈曲以后沿 x 和 y 方向的正弦半波数。由此可见,纵向载荷 N 的临界值一定满足如下条件:

$$D \left(\frac{m^2}{a^2} + \frac{n^2}{b^2} \right)^2 - N \frac{m^2}{\pi^2 a^2} = 0 \qquad (6\text{-}67)$$

进而有

$$N = \frac{\pi^2 a^2 D\left(\dfrac{m^2}{a^2} + \dfrac{n^2}{b^2}\right)^2}{m^2} \tag{6-68}$$

现进一步考察不同 m、n 对纵向载荷 N 的影响。在各种 m、n 组合中,纵向载荷 N 的最小值即为临界载荷。由式(6-68)可知,x 方向承受单向轴压时,N 取最小值时 $n=1$,这表示压曲后的薄板沿 y 方向只有一个正弦半波。于是得临界载荷

$$N_{\mathrm{cr}} = \frac{\pi^2 D}{b^2}\left(\frac{mb}{a} + \frac{a}{mb}\right)^2 \tag{6-69}$$

令

$$k = \left(\frac{mb}{a} + \frac{a}{mb}\right)^2$$

则临界载荷

$$N_{\mathrm{cr}} = k\,\frac{\pi^2 D}{b^2} \tag{6-70}$$

依次令 $m=1,2,3,\cdots$,算出 a/b 取不同数值时的 k 值,得出如图 6-13 所示的一组曲线。每根曲线起决定性作用的部分用实线表示,相邻两曲线间的交点较容易求得。

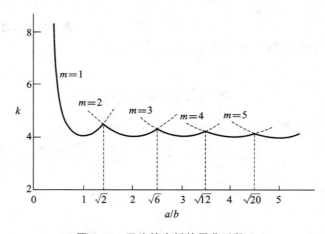

图 6-13　四边简支板的屈曲系数 k

工程中,当 $a/b \leqslant 1$ 时,$k = \left(\dfrac{b}{a} + \dfrac{a}{b}\right)^2$;当 $a/b \geqslant 1$ 时,可取 $k=4$。临界应力为

$$\sigma_{\mathrm{cr}} = \frac{N_{\mathrm{cr}}}{t} = k\,\frac{\pi^2 E}{12(1-\mu^2)}\left(\frac{t}{b}\right)^2 \tag{6-71}$$

其中,t 为板的厚度,b 为受压边宽度,对于常用的金属来说,$\mu=0.3$,于是

$$\sigma_{\mathrm{cr}} = 0.9 k E\left(\frac{t}{b}\right)^2 \tag{6-72}$$

上面只讨论四边简支、单向受压矩形板的临界载荷。对于其他情况,也可得出与式(6-71)一样的公式,只是系数 k 值不同而已。系数 k 值取决于下列条件:①载荷形式,如受压或受剪;②四边支持情况;③板的边长比 a/b。

图 6-14 给出了不同边界条件下的平板单向轴压屈曲系数。图 6-15 给出了四边简支和四

边固支条件下的平板剪切屈曲系数。

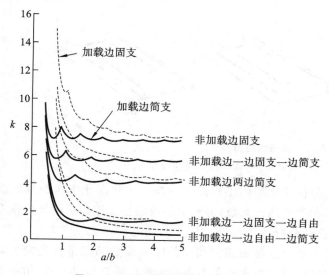

图 6-14 单向轴压平板屈曲系数 k

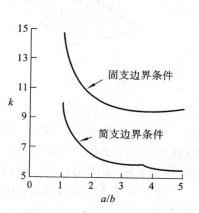

图 6-15 剪切平板屈曲系数 k

6.7 加筋板的失稳

飞机结构中所采用的薄壁结构，一般都是由纵向和横向骨架加强的加筋板，如图 6-16 所示。加筋板可以是平板，也可以是曲板。

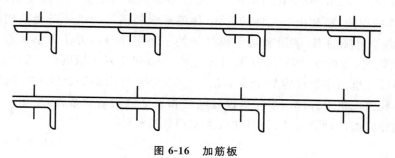

图 6-16 加筋板

在实际的机翼和尾翼蒙皮上，一般有多根互相平行或接近平行的加筋桁条，其两端由翼肋支持，而且蒙皮有曲度。设计分析时，常取出两翼肋间的一段，并将其简化为加筋桁条互相平行的"纵向加筋平板"。经验表明，这种简化在工程上是可行的。如图 6-17 所示，工程上一般把加筋层压板的屈曲或失效形式分为三种：①加筋桁条间蒙皮局部屈曲或筋条局部屈曲；②加筋板的总体屈曲；③加筋板的压损破坏。此外，还可能出现复杂的屈曲模态耦合。实际中的加筋板会发生哪种形式的屈曲，主要取决于加筋层压板的长度（长宽比）以及加筋条和蒙皮的相对抗弯刚度。三种屈曲形式之间，没有明确的界限，需要分别加以校核。关于屈曲模态耦合，没有简便实用的工程计算方法。理论分析表明，蒙皮和桁条的屈曲载荷十分接近的"等屈曲"设计，会出现复杂的屈曲模态耦合，反而可能降低加筋板的承载能力，不一定是最佳设计。为了避免出现此种情况,可把加筋桁条的刚度设计为稍强于蒙皮,使桁条间的蒙皮先于桁条产生局部屈曲。

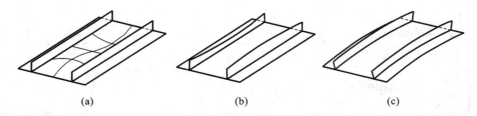

图 6-17　加筋板屈曲形式

(a)蒙皮局部屈曲;(b)筋条局部屈曲;(c)总体屈曲

为简化结构分析,常常采用与理论分析相比拟的工程简化方法。工程简化方法根据试验数据总结归纳出的简便计算公式、曲线和经验修正系数,可对加筋板的稳定性和承载能力作简便、快捷的评估,尤为适用于结构初步设计分析。

对于中等长度的加筋板,其屈曲的主要形式是加筋桁条间的蒙皮或加筋桁条首先发生局部屈曲。因此,应校核加筋桁条间蒙皮的局部屈曲和桁条的局部屈曲。需要指出的是,桁条先于蒙皮发生局部屈曲的结构设计是不合理的,将会显著地降低加筋板的承载能力,设计中应尽量避免。对于较长的加筋板,一般呈总体屈曲破坏,类似于大柔度压杆的欧拉失稳。对于非常短的加筋板,受压缩载荷时可能呈压损破坏。一般由试验确定加筋板的压损破坏载荷,或对于由薄壁桁条加强的加筋层压板,可按计算组合型平板压损破坏载荷的方法计算其压损破坏应力。

对于金属结构的稳定性分析,已经形成一系列方法,并形成各种手册。如美国最早的《Handbook of Structural Stability Part Ⅰ-Ⅵ》,该手册全面讨论了平板的屈曲、组合元件的屈曲、曲板和壳体的屈曲、板和组合元件的破坏、加筋平板的破坏。该手册是结构稳定性分析的鼻祖,后来国内外出版的书、手册和指南提供的关于稳定性分析方法大都来自该手册。我国1965 年 8 月出版的《飞机设计员手册(第四册)》和1983 年 4 月出版的《飞机设计手册(下册)》中均介绍了金属飞机结构的稳定性计算方法。1996 年 6 月出版的《结构稳定性设计手册》较全面地总结了我国飞机设计部门多年的设计经验和大量试验研究数据,给出了金属飞机结构稳定性分析的较完整的计算公式、设计曲线和实用分析软件。

6.7.1　加筋桁条间蒙皮局部屈曲

如果筋条相对惯性矩比较大,则迫使加筋板受压的失稳波形在筋条处形成节点。此时,筋条间平板首先发生局部屈曲,失稳半波长相当于筋条间距。两根长桁与两根翼肋之间的蒙皮单元在计算其局部稳定性时,将其简化为四边简支的情形。对于单向受压板的局部稳定性,临界应力的计算公式为

$$\sigma_{cr} = k\,\frac{\pi^2 E}{12(1-\mu^2)}\Big(\frac{t}{b}\Big)^2 \tag{6-73}$$

式中:t 为蒙皮厚度;b 为两筋条之间的距离。单向轴压屈曲系数 k 按照图 6-14 中的四边简支边界条件对应的屈曲系数进行取值。

当板元单纯受剪切应力时,临界剪应力为

$$\tau_{\mathrm{cr}} = k_s \frac{\pi^2 E}{12(1-\mu^2)} \left(\frac{t}{b}\right)^2 \tag{6-74}$$

式中:k_s 为剪切屈曲系数;t 为板厚;b 为较短边宽度。k_s 按照图 6-15 中的四边简支边界条件对应的屈曲系数进行取值。

根据第五章的知识,可知梁、墙腹板均可简化为四边简支的受剪板元,蒙皮除了承受轴压之外,其上还存在剪流,承受压剪复合载荷。对于压剪复合载荷作用下蒙皮的局部稳定性,受压和受剪临界应力分别采用式(6-73)、式(6-74)计算得到,失稳判据为

$$\frac{\sigma}{\sigma_{\mathrm{cr}}} + \left(\frac{\tau}{\tau_{\mathrm{cr}}}\right)^2 < 1 \tag{6-75}$$

6.7.2　长桁局部屈曲

在受轴向压缩的加筋板中,筋条的作用是增加板的失稳应力和提高板的承载能力。对含截面形状的筋条进行稳定性分析时,通常将其细分为几个板元,如图 6-17 所示。当组成筋条的板元宽厚比大的时候,筋条板元出现失稳,失稳半波长为筋条板元宽度。在加筋板中,筋条的局部失稳变形会影响筋条对板的支持刚度,从而影响加筋板的失稳临界应力。所以在加筋板设计中,应首先计算加筋条单个或几个简单元件的局部失稳临界应力,确认筋条元件局部失稳不会先于加筋板的总体失稳或者板的局部失稳,然后再设计校核其他参数。

将长桁截面分解为突缘和腹板组成的具有一定边界支持的板元,而这些元素中最小的失稳临界应力值则为长桁的局部屈曲临界应力。计算公式为

$$\sigma_{\mathrm{cr}} = k_w \frac{\pi^2 E}{12(1-\mu_e^2)} \left(\frac{\delta_w}{b_w}\right)^2 \tag{6-76}$$

式中:k_w 为压缩临界应力系数,通过查图表确定;b_w 为板元宽度;δ_w 为板元厚度。

组成筋条各板元的失稳临界应力 σ_{cr},可按图 6-14 给出的各种支持情况的矩形板在单向受压时的临界应力公式计算。如"Ⴀ"型材,上下缘板可认为是三边简支一边自由的矩形板,中间腹板可看成是四边简支板。这样算得的临界应力仅是粗糙的估算值。临界应力一般利用经验公式或通过试验确定。《飞机设计手册(第九册)》给出一些常用型材的试验曲线和经验公式,可供确定薄壁杆临界应力时查阅。

6.7.3　加筋板总体失稳

加筋结构中,如果筋条不发生元件的局部失稳,在筋条相对惯性矩较小时,还会发生蒙皮和筋条一起参与的加筋板总体失稳。

$$\sigma_{\mathrm{cr}} = \frac{C\pi^2 E}{\left(\dfrac{L}{i}\right)^2} \tag{6-77}$$

式中:L 为加筋板的长度,对于用桁条加强的机翼蒙皮可以取两肋之间的距离;i 为加筋板典型剖面的惯性(回转)半径,用式(6-2)计算。一般取 $C=1$,即简支支持条件。

6.7.4　长桁压损

采用板元法计算桁条压损应力,计算步骤如下：

（1）把型材剖面划分为若干个板元,如图 6-18 所示。

（2）按照图 6-19 或图 6-20 计算各板元的压损应力 σ_{fi}。

（3）按式(6-78)计算整个型材剖面的压损应力。

$$\sigma_f = \sum_{i=1}^{N}(b_i\delta_i\sigma_{fi})/\sum_{i=1}^{N}(b_i\delta_i) \tag{6-78}$$

式中：N 为组成剖面的板元总个数；b_i 和 δ_i 分别为第 i 个板元的宽度和厚度；σ_{fi} 为第 i 个板元的压损应力,截止值取 $\sigma_{0.2}$。

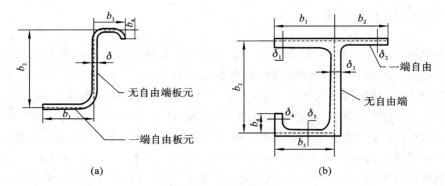

图 6-18　型材剖面划分的板元

(a)弯制型材剖面；(b)挤压型材剖面

6.7.5　加筋板的柱强度

按加筋板的有效长细比 L'/ρ,将其破坏形式分为三个区段,对每个区段分别计算。有效长细比 L'/ρ 中的 $L'=L/\sqrt{c}$,L 为加筋板的长度,c 为加筋板受压端的端部支持系数（见表 6-1）；$\rho=\sqrt{I/A}$,I 为加筋板的剖面对其形心轴的弯曲惯性矩,A 为加筋板的剖面面积。

表 6-1　加筋板端部支持系数 c

支持条件					
理论 c 值	4.00	2.04	1.00	1.00	0.25	0.25
建议 c 值	2.37	1.56	0.694	1.00	0.227	0.25

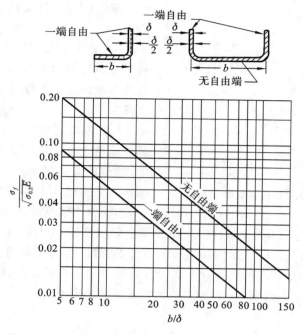

图 6-19　弯制铝合金型材剖面板元的压损应力计算曲线

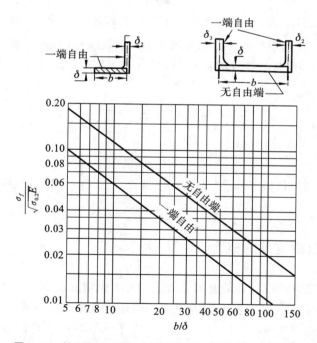

图 6-20　挤压铝合金型材剖面板元的压损应力计算曲线

三个区段如图 6-21 所示。

（1）短柱区段$(D—E)$：$L'/\rho \leqslant 20$ 的加筋板属于这一区段，在这一区段的加筋板呈现强度失效、桁条歪扭或压断等形式的压损破坏，其承载能力（破坏应力）不随板长的改变而改变。一般由试验确定其承载能力。对于由薄壁桁条加强的加筋层压板，可按 6.7.4 节中计算组合

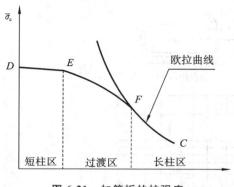

图 6-21　加筋板的柱强度

型平板压损破坏载荷的方法计算其压损破坏应力。

（2）长柱区段（F—C）：在这一区段的加筋板呈总体欧拉屈曲破坏，或称总体失稳，其承载能力就是总体屈曲载荷，可按 6.7.3 节的方法确定。

（3）过渡区段（E—F）：在这一区段内，加筋板破坏之前，蒙皮或桁条将先发生局部屈曲，然后随载荷增加，蒙皮的局部屈曲波形逐渐扩大并穿过桁条而导致加筋板破坏。实际中，加筋板的破坏形式多属于此种形式。其承载能力实质上是加筋板的后屈曲强度，应按后屈曲分析确定。目前，工程上采用半经验的方法，用一条抛物线拟合在这一区段内加筋板的后屈曲强度，抛物线的顶点 E 的坐标由其短板的压损破坏应力确定，抛物线的另一点 F 的坐标由这类加筋板的欧拉屈曲和局部屈曲同时发生时的有效长细比确定。可按式（6-79）估算加筋板的破坏应力。

①约翰逊-欧拉方程：

$$\bar{\sigma}_c = \sigma_f - \frac{\sigma_f^2}{4\pi^2 E}(L'/\rho)^2 \tag{6-79}$$

式中：$\bar{\sigma}_c$ 为加筋板的破坏应力；σ_f 为加筋板的平均压损破坏应力，取相应的短加筋板计算，或由试验确定；$L'=L/\sqrt{c}$，L 为加筋板的长度，c 为端部支持系数；$\rho=\sqrt{I/A}$，I 和 A 分别为加筋板剖面的惯性矩和面积；E 为加筋板的等效轴向弹性模量，$E=\sum E_i A_i / \sum A_i$，$E_i=(A_{11}-A_{12}^2/A_{22})_i/t_i$。

②抛物线方程：

$$\bar{\sigma}_c/\sigma_f = 1 - \left(1-\frac{\sigma_{cr}^{loc}}{\sigma_f}\right)\left(\frac{\sigma_{cr}^{loc}}{\sigma_e}\right) \tag{6-80}$$

而

$$\sigma_e = \pi^2 E_t/(L'/\rho)^2 \tag{6-81}$$

式中：σ_{cr}^{loc} 为加筋板局部失稳临界应力，见 6.7.2 节。当 $\sigma_{cr}^{loc}>\sigma_p$（比例极限），则式（6-81）中 σ_{cr}^{loc} 取为 σ_p。

6.7.6　蒙皮有效宽度的概念

假设加筋板受到轴压载荷，随着加载的继续，加筋板截面上载荷分布变化情况如图 6-22（a）所示。在达到板的初始失稳应力之前，整个截面应力分布比较一致。当应力超过板的初始失稳应力后，加筋之间的薄板发生屈曲，不再承受大于临界屈曲载荷的载荷，但是与筋条连接的这部分薄板，由于与筋条相连仍有继续承载的能力。在加筋之间的薄板屈曲后，加筋板截面应力分布变得不再均匀，筋条根部应力较大，离筋条越远应力基本保持为常值。工程上为了计算方便，用一致的应力分布来代替不一致的应力分布，取中间板的初始失稳应力和板边最大应力代替不一致应力分布，如图 6-22（b）所示。确定加筋薄板的有效宽度成为计算加筋板破坏载荷（柱强度）的关键因素。

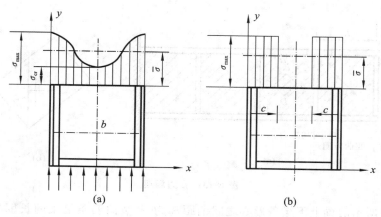

图 6-22 应力分布及有效宽度

在刚开始加载到筋条间板发生局部屈曲之前,应力分布是均匀的,当筋条间板失稳后,应力开始变得不再均匀,随着压缩载荷的增加,失稳的区域越来越多,内力越来越向筋条附近转移,使其有效宽度变窄。由板局部屈曲理论分析可知,加筋板的初始屈曲应力即为两筋间板的局部失稳应力,即

$$\sigma_{cr} = k \frac{\pi^2 E}{12(1-\mu^2)} \left(\frac{t}{b}\right)^2 \tag{6-82}$$

式中:b 为两筋条之间蒙皮宽度;t 为蒙皮厚度;E 为蒙皮弹性模量;μ 为材料泊松比;k 为压缩临界应力系数,具体取值如图 6-14 所示。

Von Karman 认为,加筋板结构的最终失稳应力可用筋条附近的一块有效宽板的临界失稳应力来表征,于是有效宽度为 $2c$ 时对应的 σ_{cr} 应为筋条的最终失稳应力 σ_{st},即

$$\sigma_{st} = k \frac{\pi^2 E}{12(1-\mu^2)} \left(\frac{t}{2c}\right)^2 \tag{6-83}$$

由式(6-82)和式(6-83)可得:

$$\frac{2c}{b} = \sqrt{\frac{\sigma_{cr}}{\sigma_{st}}} \tag{6-84}$$

筋条的失稳应力见 6.7.2 节长桁的局部屈曲。

无论是国外民机设计手册,还是教材或科技书籍,所采用的有效宽度根源都来自 Von Karman,不同之处是在 Von Karman 有效宽度的基础上增加了修正项,或是 Von Karman 的方法的一种特例。

6.8 张力场梁的概念

机翼的组合式翼梁通常由上翼缘、下翼缘,以及连接上、下翼缘的加筋(立柱)薄腹板组成。这些腹板通常很薄,以至于它们在剪应力的作用下会发生屈曲。屈曲的形式如图 6-23(a)所示,梁的腹板在剪切产生的内对角压应力的作用下发生屈曲,仅在垂直于屈曲的方向上留下能够支撑对角拉伸的褶皱。这种梁为完全张力场梁。

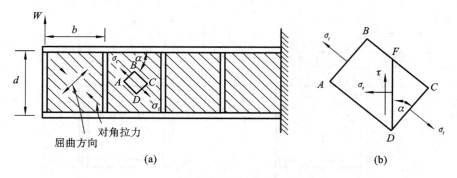

图 6-23　张力场梁

图 6-23(a)所示的梁上下缘条形心之间的距离为 d，竖向筋条沿梁的长度均匀分布，为板杆式简化模型，即翼缘在梁的任一截面抵抗内弯矩，腹板抵抗剪力。任意截面腹板剪流为常量。因此，在剪力为 S 的某一截面处，剪应力 τ 由下式给出：

$$\tau = \frac{S}{td} \tag{6-85}$$

现在考虑梁面板中腹板的单元 $ABCD$，如图 6-23(b)所示。该单元承受由 AB 和 CD 面上的对角拉伸产生的拉应力 σ_t，斜向拉力的角度为 α。在单元的垂直面 FD 上，剪应力为 τ，正应力为 σ_z。现考虑图 6-23(b)中微元 FCD 的平衡方程：

$$\sigma_t CDt \sin\alpha = \tau FDt \tag{6-86}$$

进而

$$\sigma_t = \frac{\tau}{\sin\alpha\cos\alpha} = \frac{2\tau}{\sin2\alpha} \tag{6-87}$$

将式(6-85)代入式(6-87)，且梁的所有截面 $S=W$，可得：

$$\sigma_t = \frac{2W}{td\sin2\alpha} \tag{6-88}$$

进一步，对于单元 FCD 水平方向的平衡方程，有

$$\sigma_z FDt = \sigma_t CDt \cos\alpha \tag{6-89}$$

可得：

$$\sigma_z = \sigma_t \cos^2\alpha \tag{6-90}$$

将式(6-87)代入式(6-90)，可得：

$$\sigma_z = \frac{\tau}{\tan\alpha} \tag{6-91}$$

结合式(6-85)，有

$$\sigma_z = \frac{W}{td\tan\alpha} \tag{6-92}$$

由于 τ 和 σ_t 在整个梁的高度方向是恒定的，因此 σ_z 在整个梁的高度方向也是恒定的。

缘条轴力如图 6-24 所示。在 mm 面上，正应力 σ_z 和切应力 τ 作用在腹板上，轴力 F_T 和 F_B 作用在上下缘条上。F_T 和 F_B 是由截面处的弯矩和斜向拉力的压缩作用(σ_z)共同产生的。对下缘条取矩，有

$$W_z = F_T d - \frac{\sigma_z td^2}{2} \tag{6-93}$$

将式(6-92)代入式(6-93),可得:

$$F_T = \frac{W_z}{d} + \frac{W}{2\tan\alpha} \tag{6-94}$$

力沿水平方向进行分解:

$$F_B - F_T + \sigma_z t d = 0 \tag{6-95}$$

进而可得:

$$F_B = \frac{W_z}{d} - \frac{W}{2\tan\alpha} \tag{6-96}$$

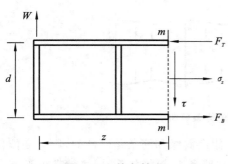

图 6-24　缘条轴力

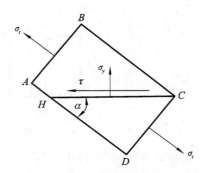

图 6-25　梁腹板水平面上的应力

斜向拉应力 σ_t 在腹板上任一点的水平面上产生一个正应力 σ_y。在图 6-25 所示的单元 $ABCD$ 中的 HC 面上,有一个正应力 σ_y 和一个互补剪应力 τ。

由单元 HDC 垂直方向的平衡方程

$$\sigma_y HCt = \sigma_t CDt \sin\alpha \tag{6-97}$$

可得:

$$\sigma_y = \sigma_t \sin^2\alpha \tag{6-98}$$

将式(6-87)代入式(6-98),可得:

$$\sigma_y = \tau \tan\alpha \tag{6-99}$$

结合式(6-85),且 $S=W$,可得:

$$\sigma_y = \frac{W}{td}\tan\alpha \tag{6-100}$$

在梁腹板的水平面上的拉应力 σ_y 引起竖向筋条的压缩。可以假设每个筋条支撑每个相邻面板的一半,这样筋条中的压缩载荷 P 由下式确定:

$$P = \sigma_y t b \tag{6-101}$$

将式(6-100)代入式(6-101),可得:

$$P = \frac{Wb}{d}\tan\alpha \tag{6-102}$$

如果 P 足够大,则筋条发生屈曲。实验显示筋条发生欧拉失稳,其等效长度为

$$\begin{cases} l_e = d / \sqrt{4 - 2b/d}, & b < 1.5d \\ l_e = d, & b \geqslant 1.5d \end{cases} \tag{6-103}$$

除了导致筋条压缩,正应力 σ_y 还会导致筋条之间梁缘条的弯曲,如图 6-26 所示。每个筋条上轴力载荷密度为 $\sigma_y t$。两端固支梁的最大弯矩发生在支座处,为 $wl^2/12$,其中 w 为载荷密

度,L 为梁跨度。

$$M_{\max} = \frac{\sigma_y t b^2}{12} \tag{6-104}$$

将式(6-100)代入式(6-104),可得:

$$M_{\max} = \frac{W b^2 \tan\alpha}{12d} \tag{6-105}$$

在加强筋之间的中间位置,这种弯矩减小到 $W b^2 \tan\alpha/(24d)$。

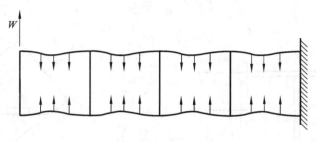

图 6-26　腹板应力导致的缘条弯曲

角度 α 自我调节,使得梁的总应变能最小。如果假定翼缘和筋条是刚性的,则应变能仅包括腹板的剪切应变能,$\alpha=45°$。在实际应用中,翼缘和筋条都会发生变形,使 α 略小于 $45°$,通常为 $40°$,在飞机结构常用的梁型中,很少小于 $38°$。对于由相同材料组成的所有构件的梁,最小应变能导致了不同的 α 的等效表达式,其中之一为

$$\tan^2\alpha = \frac{\sigma_t + \sigma_F}{\sigma_t + \sigma_S} \tag{6-106}$$

其中 σ_F 和 σ_S 分别为翼缘和筋条中由斜向拉力引起的均匀正应力。因此,从式(6-94)或式(6-96),可得:

$$\sigma_F = \frac{W}{2A_F \tan\alpha} \tag{6-107}$$

式中:A_F 是缘条的面积。从式(6-102),可得:

$$\sigma_S = \frac{Wb}{A_S d} \tan\alpha \tag{6-108}$$

式中:A_S 是加强筋的横截面积。将 σ_t、σ_F 和 σ_S 的公式代入式(6-106),产生了一个可以求解 α 的方程。再考虑梁的总应变能,可得 α 的另一表达式为

$$\tan^4\alpha = \frac{1 + td/2A_F}{1 + tb/A_S} \tag{6-109}$$

对于薄壁结构,当计算的板的剪应力超过板受剪失稳临界应力时,必须进一步进行张力场计算。当张力场梁的腹板的拉应力达到材料的破坏应力,或缘条、支柱中的正应力达到材料的破坏应力时,我们就认为此梁已被破坏。

在飞机设计中,为了减轻重量,提高结构承载效率,越来越多地采用了张力场梁。在设计中采用张力场梁时,可使腹板厚度取得较小。但由于张力场受力使缘条受到了附加的轴力,且还有局部弯曲应力,因此,缘条的截面面积应适当加大。此外,由于板壁受剪失稳出现波纹,其挠度较大,所以,在高速飞机以及对气动外形要求较高部位的蒙皮,不宜采用张力场的受力形式。

习　题

1. 结合过载的定义,简述为什么正过载时飞机上翼面结构存在屈曲问题? 加筋板稳定性一般需要考虑哪几个方面?

2. 如图 6-27(a)所示的四边简支的长方形薄板,$a=2b$。在两对边上受大小相等而方向相反的均布纵向压力,如图 6-27(a)所示。为了增强薄板的稳定性,在薄板中间布置一根支持杆(杆对板的限制也简化为简支),其平行于载荷方向(见图 6-27(b)),或垂直于载荷方向(见图 6-27(c))。问临界载荷分别可以提高多少?

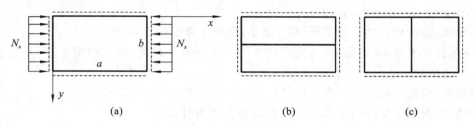

图 6-27　习题 2 图

3. 计算如图 6-28 所示的加筋板件的最大受压载荷。已知板的几何尺寸如图 6-28 所示,桁条为等边角材,尺寸为 $30 \times 30 \times 2$,板的材料与桁条的相同,材料弹性系数为 $E=7 \times 10^6$ N/cm²。

4. 机翼受压壁板由蒙皮和长桁组成,如图 6-29 所示。设计合适的筋条间距 b 和翼肋间距 L,以保证筋条局部失稳、蒙皮局部失稳和加筋板总体失稳在相同的应力下发生(不考虑屈曲耦合)。采用铝合金作为蒙皮和长桁的材料。

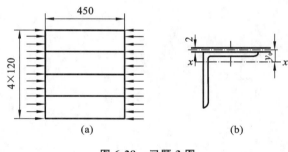

图 6-28　习题 3 图

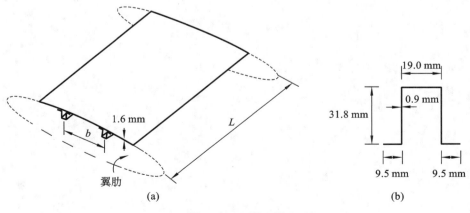

图 6-29　习题 4 图

参 考 文 献

[1] 徐芝纶.弹性力学简明教程[M].4 版.北京:高等教育出版社,2013.

[2] 史治宇,丁锡洪.飞行器结构力学[M].北京:国防工业出版社,2013.

[3] 王生楠.飞行器结构力学[M].西安:西北工业大学出版社,1998.

[4] Megson T H G. Aircraft Structures for Engineering Students[M].6th Edition. Oxford: Butterworth-Heinemann,2017.

[5] 崔德刚.结构稳定性设计手册[M].北京:航空工业出版社,1996.

[6] 《飞机设计手册》总编委会.飞机设计手册　第 9 册　载荷、强度和刚度[M].北京:航空工业出版社,2001.

[7] 陶梅贞.现代飞机结构综合设计[M].西安:西北工业大学出版社,2014.

[8] 刘鸿文.材料力学[M].6 版.北京:高等教育出版社,2017.